高等职业教育土木建筑类专业教材

建筑工程计量与计价课程设计实训图册

（第2版）

主　编　马　涛　樊文广
副主编　石灵娥　王秀英　尹晓静
主　审　马丽华

北京理工大学出版社
BEIJING INSTITUTE OF TECHNOLOGY PRESS

内 容 提 要

本书以国家和内蒙古地区现行有关建筑业管理法规、现行建设工程造价管理文件和预算定额为基本依据编写完成。全书共分六部分，主要内容包括：工程造价专业课程设计施工图预算设计指导书、三线一面计算实例、建筑面积计算实例、基础工程工程量计算实例、建筑工程预算编制实例、建筑工程预算习题等，此外，附录中还收录了前述部分实例的计算过程。

本书可作为建筑工程识图与构造、建筑工程计量与计价、装饰装修工程计量与计价、工程量清单计价、工程造价软件应用等课程的配套教材，也可供工程造价专业教学使用和参考。

图书在版编目（CIP）数据

建筑工程计量与计价课程设计实训图册/马涛，樊文广主编.—2版.—北京：北京理工大学出版社，2023.7重印

ISBN 978-7-5682-6693-2

Ⅰ.①建…　Ⅱ.①马…　②樊…　Ⅲ.①建筑工程—计量—高等职业教育—教学参考资料 ②建筑造价—高等职业教育—教学参考资料　Ⅳ.①TU723.3

中国版本图书馆CIP数据核字（2019）第023372号

出版发行／北京理工大学出版社有限责任公司
社　　址／北京市丰台区四合庄路6号院
邮　　编／100070
电　　话／（010）68914775（总编室）
　　　　　（010）82562903（教材售后服务热线）
　　　　　（010）68944723（其他图书服务热线）
网　　址／http://www.bitpress.com.cn
经　　销／全国各地新华书店
印　　刷／北京紫瑞利印刷有限公司
开　　本／787毫米×1092毫米　1/8
印　　张／7.5
字　　数／173千字
版　　次／2023年7月第2版第3次印刷
定　　价／29.00元

责任编辑／王玲玲
文案编辑／王玲玲
责任校对／周瑞红
责任印制／边心超

前言 PREFACE

课程设计是工程造价专业教学中非常重要的一个环节，是前面各个教学环节的继续、深化和扩展。本书针对高等职业教育应用性人才培养目标要求，在已经设置建筑识图、建筑构造、建筑材料、建筑施工技术、建筑工程计量与计价等先修课程的基础上，使学生能够理解和掌握建筑工程计量与计价的基本理论和编制方法。

本书在编写过程中注重与相关课程在教学内容、教学深度与教育手段、教学重心方面的配合与衔接，把通过阅读实际工程的施工图来实现学习、掌握施工图预算的编制方法等作为本教材的核心目的。本书实例包括框架结构办公楼（附预算书）和砖混结构商住楼施工图预算等的编制过程。通过引导学生阅读本书选用的施工图纸，用实际的工程语言训练学生的识图能力，为工程造价专业的相关课程及课程设计训练提供工程实例载体，同时，本书也可作为其他相近专业的实践教学的辅助文件。本书实例预算编制采用《内蒙古自治区建设工程计价依据（2017届）》为标准。

本书由内蒙古建筑职业技术学院马涛、樊文广担任主编，石灵娥、王秀英、尹晓静担任副主编。全书由马丽华主审。具体编写分工为：樊文广编写第一、第二、第三部分，石灵娥编写第四部分，马涛编写第五部分，王秀英、尹晓静编写第六部分。感谢内蒙古华汇建筑数据技术有限公司提供协助。

虽然编者均具有较为丰富的教学与工程实践经验，但由于水平以及视野的限制，书中难免会存在一些不足之处，希望各位读者能够及时指出，以便于日后进行调整与改正。

编　者

目　录
CONTENTS

第一部分　工程造价专业课程设计施工图预算设计指导书

一、课程设计指导思想

工程造价专业的人才培养目标是培养与社会主义现代化建设要求相适应，德、智、体全面发展，能进行建设项目可行性研究、投资估算、工程概算、预算、结算以及招标控制价、投标报价编制和审核，面向工程造价咨询企业和社会企事业单位工程管理部门，具有工程造价综合职业能力，适应职业岗位群要求的高等应用型专门人才。工程造价专业课程设计的指导思想是以实际的工程造价项目为前提，以培养学生工程预、决算的实际操作能力为目的，以工程造价软件和计算机辅助概预算为主要工具，紧密结合内蒙古自治区2017届计价依据和相关的造价文件，力求培养学生对实际建筑工程造价进行管理和应变的能力，为本专业的毕业生将来在建筑企事业单位、咨询公司、房地产企业从事工程造价管理和其他技术管理工作打下扎实的理论和实践基础，在激烈的人才竞争中充分发挥自己的专业优势。

二、课程设计的目的和任务

(1)课程设计是工程造价专业教学计划中一个重要的教学环节，是前面各个教学环节的继续、深化和扩展，是锻炼学生分析问题、解决问题，使其综合能力得到提高的重要阶段。通过课程设计，可完成施工图预算的编制，为学生今后从事实际工作打好基础。

(2)通过课程设计，使学生在实习和实践的过程中，学习和理解所学的各科知识，培养综合运用理论知识和专业技能的能力，学会分析和解决在工程招标投标，施工组织与管理，建设工程概算、预算和决算中的实际问题，并熟悉工作程序和方法，为今后走上工作岗位打下扎实的基础。

(3)学生在教师的指导下，根据课程设计指导书的要求，综合运用所学的知识，独立地完成资料的搜集整理、工程量的计算、定额和价目表的应用，掌握建设工程投标书的编制及投标报价、技术经济分析和工程概算、预算和决算的基本方法。

三、课程设计实训内容

工程造价专业课程设计主要内容为施工图预算。

(一)基本要求与能力要求

(1)综合运用在学校所学的知识，锻炼、提高分析问题和解决实际工程问题的能力，树立正确的设计思想，培养良好的职业道德。

(2)结合课程设计题目，通过调研和收集资料，了解和掌握所要完成课程设计的工程规模、性质及所采取的施工方案。

(3)通过课程设计，学会运用各种设计规范、标准图集、设计手册等有关技术资料，学会并掌握工程造价软件、工程管理软件的应用。

(4)通过课程设计中严格的基本训练，学会编制工程造价，掌握设计要领和技巧，在教师指导下通过独立完成与计算，基本达到能独立完成工程造价编制的要求。

(5)通过课程设计，使每个学生学会设计文件的编制，以及设计方案及设计说明的文字论述，进一步提高工程造价的理论水平和撰写论文的能力，初步具备独立进行工程造价编制的工作能力。

(二)课程设计步骤与内容

1. 工程图纸的识读

建筑工程施工图是设计单位根据设计任务书的要求和有关资料，综合考虑其他相关因素，设计绘制的工程施工图纸。建筑工程施工图是指导工程施工的重要技术文件，是进行工程计价的重要依据。建筑工程施工图按照专业分工不同，可分为建筑施工图、结构施工图和设备施工图。

(1)建筑施工图。

建筑施工图部分包括设计总说明，总平面图，建筑平、立、剖面图，建筑详图等。各部分图纸的作用及主要内容如下：

1)设计总说明。

对整个工程的统一要求，主要包括设计说明、建筑做法说明、门窗表等；应分别列出建筑施工图、结构施工图的图纸及编号，列出所选用的标准图集。

2)总平面图。

3)建筑平面图。

建筑平面图主要反映建筑物内部房间及设施平面布置的详细情况，包括建筑物各层平面图和屋顶平面图。

4)建筑立面图。

建筑立面图主要反映建筑物立面造型和装饰的详细情况。

5)建筑剖面图。

建筑剖面图主要反映建筑物内部空间关系和装饰的详细情况。

6)详图及其他。

注明在图纸中未能清楚表示的一些局部构造、建筑装饰处理等。一般应注明编号、比例，并与详图索引一致。

(2)结构施工图。

结构施工图部分主要包括结构设计说明、基础平面布置图、基础详图、各楼(屋)面结构平面布置图、框架构件详图、其他结构构件详图等。各部分图纸的作用及主要内容如下：

1)结构设计说明。

结构设计说明主要包括结构设计依据、有关地基的概况及施工要求、对材料的选用及要求、有关结构构造的一般做法说明等。

2)基础平面布置图、基础详图。

①基础施工图说明。

基础施工图说明的内容包括地基承载力标准值，钢筋的级别，基础及垫层的混凝土强度等级，基础混凝土保护层厚度，基础用砂浆强度等级，基础的埋深、实际地质情况与设计要求不符时的处理等。

②基础平面图。

基础平面图反映建筑底层平面定位轴线布置的基础及基础梁的具体情况，并注明轴线间尺寸及总尺寸、基础平面尺寸、基础平面与轴线间的定位尺寸，柱基、基础梁等基础构件编号，基础标高、基础梁位置及标高等。

③基础详图。

基础详图反映建筑物各种基础的具体情况。现浇柱基础施工图包括模板图和配筋图。模板图表示基础的平面与剖面的细部尺寸及总尺寸、内外地面及基底标高；配筋图标明基底配筋、连接柱与基础的插筋、基础梁(或地圈梁)、基础垫层等。

3)楼(屋)面结构平面布置图。

各层结构平面布置图、屋面结构布置图内容包括楼面构件梁、板、柱的编号，标注两道尺寸，其上可绘制部分现浇板的配筋图，注明楼面各部分标高、施工说明。具体识图可参见《混凝土结构平面整体表示方法制图规则和构造详图》(16G101)。

2. 施工图预算设计

(1)熟悉设计资料。学生主要对所选择的工程图纸进行全面的阅读，掌握图纸整体情况，对存在的问题及时与有关人员预先沟通。

(2)工程量计算。学生根据工程图纸、现行规范、标准图集、现行定额，并结合工程实际情况进行工程量的计算，要求手工或软件计算该工程全部土建工程量。

(3)工程计价，汇总工程预算总价。要求学生结合工程实际，使用现行各种计价方式进行计价，可以采用工料单价法或综合单价法，并将计价书整理成册(内容包括封面、编制说明、工程费用计算程序表、预算书、主材价格表、人工材料机械消耗量表)。

(三)课程设计书装订顺序及要求

(1)封面：A4纸，写有课程设计题目、班级、学号、姓名、指导教师。

(2)课程设计说明书。

(3)目录：要按二级或三级标题编写，并与正文标题一致。目录应包括附录、工程量计算书、结束语、致谢语、相应的页码。

(四)注意事项及要求

(1)预算书所列分项工程项目，要符合施工图的实际要求。

(2)工程量计算书应尽量采用表格形式计算，按长、宽、高尺寸对应填写数值即可；如必须采用公式计算，要清楚标明运算符号。

(3)预算书填写的精度要求：按m、m^2、m^3计算的，结果保留两位小数；按吨计算的，结果保留三位小数。计数值保留整数，各项费用均取整数。

(4)套定额时，一定要注意实际工作内容应与定额子目工作内容一致，使用的材料和定额测定条件一致，使用的材料和定额测定条件不同时，要按定额规定换算。

(5)材料差价根据有关工程造价管理文件计算。

(6)预算书必须用钢笔、圆珠笔或中性笔抄写，或用计算机打印，不得涂改。

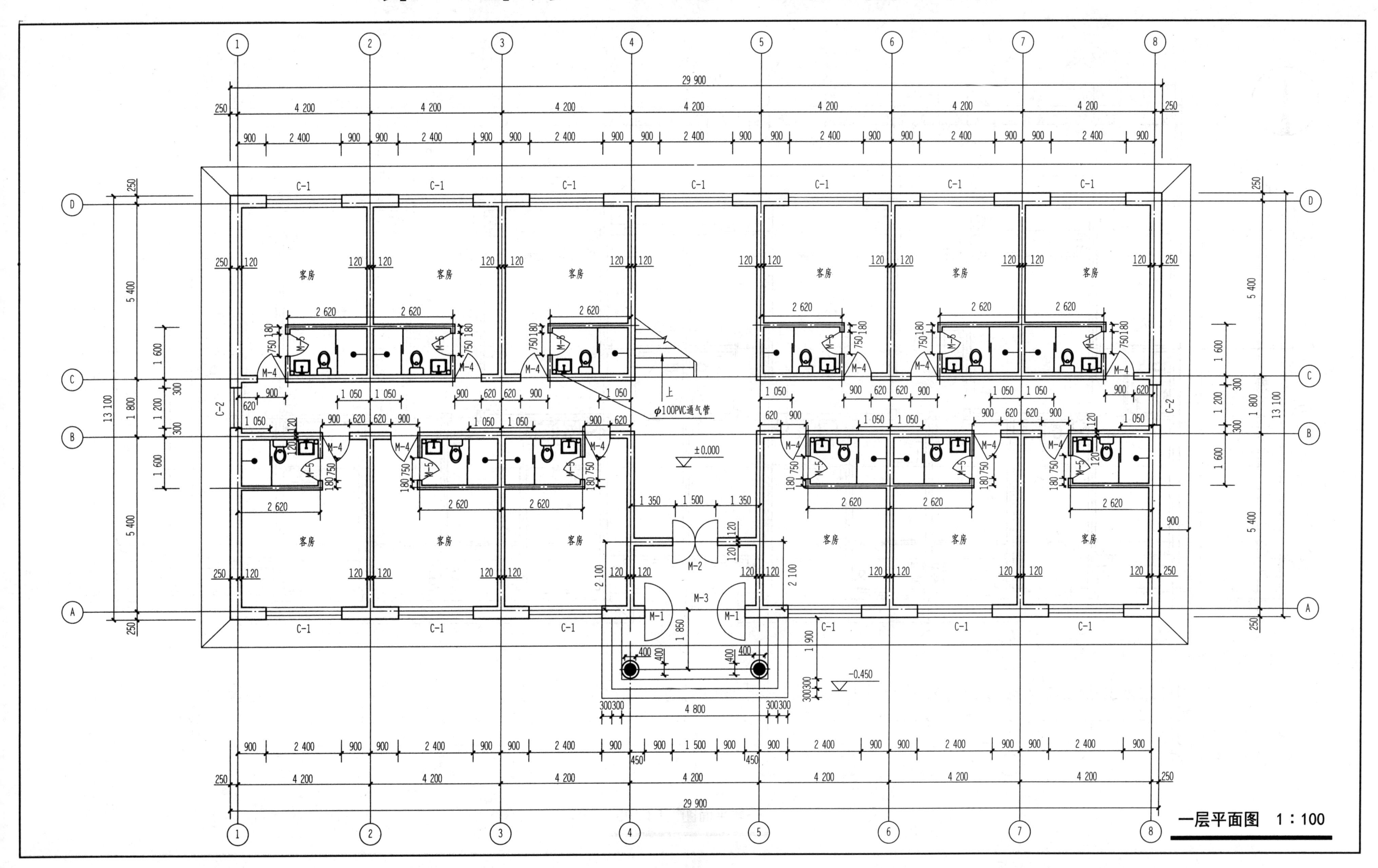
客房
M-1
M-2
M-3
M-4
M-5
C-1
C-2
φ100PVC通气管
±0.000
-0.450
上
29 900
4 200
13 100
5 400
一层平面图　1：100

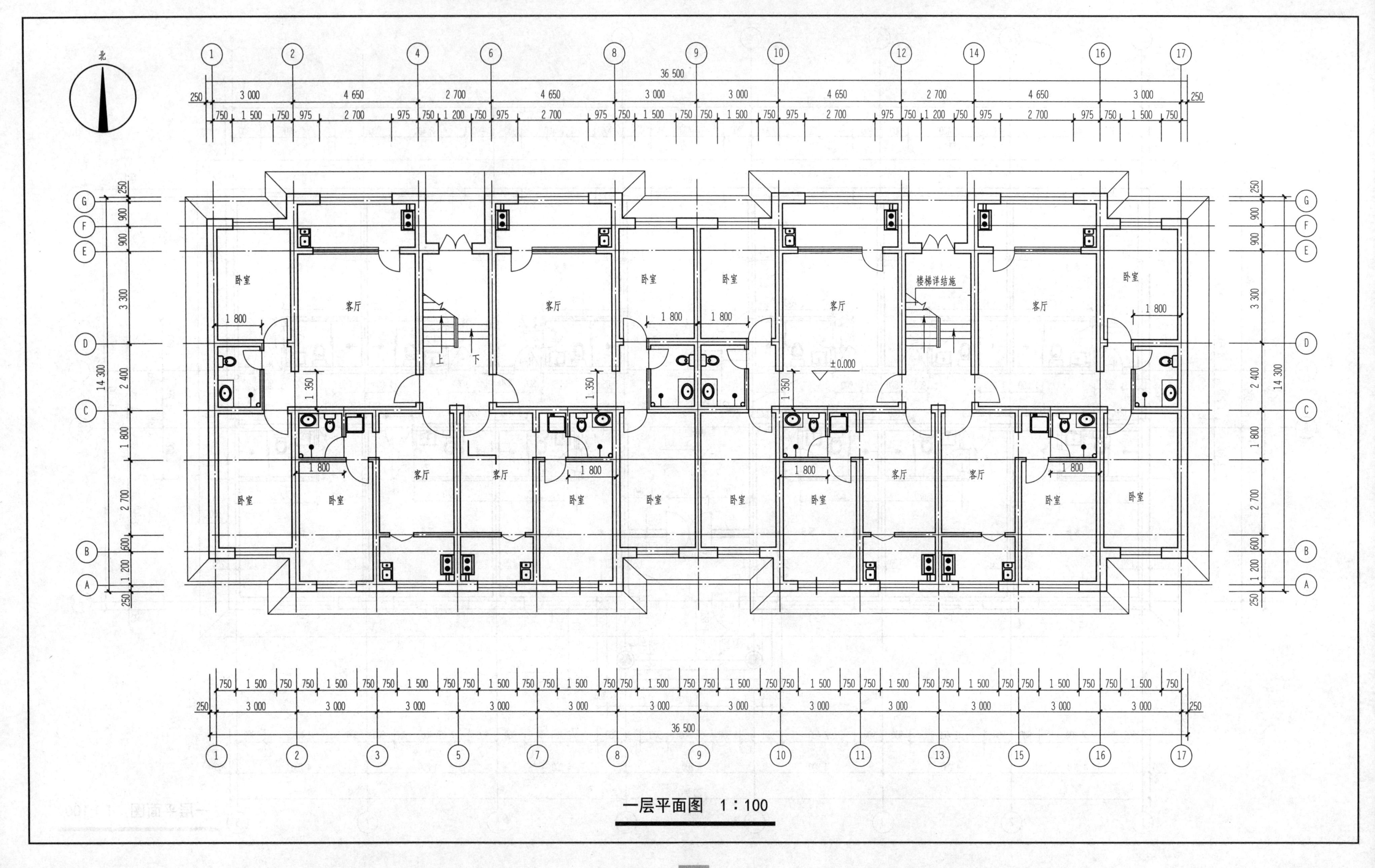
卧室
客厅
楼梯详结施
上
下
±0.000
36 500
14 300
一层平面图 1：100

第四部分　基础工程工程量计算实例

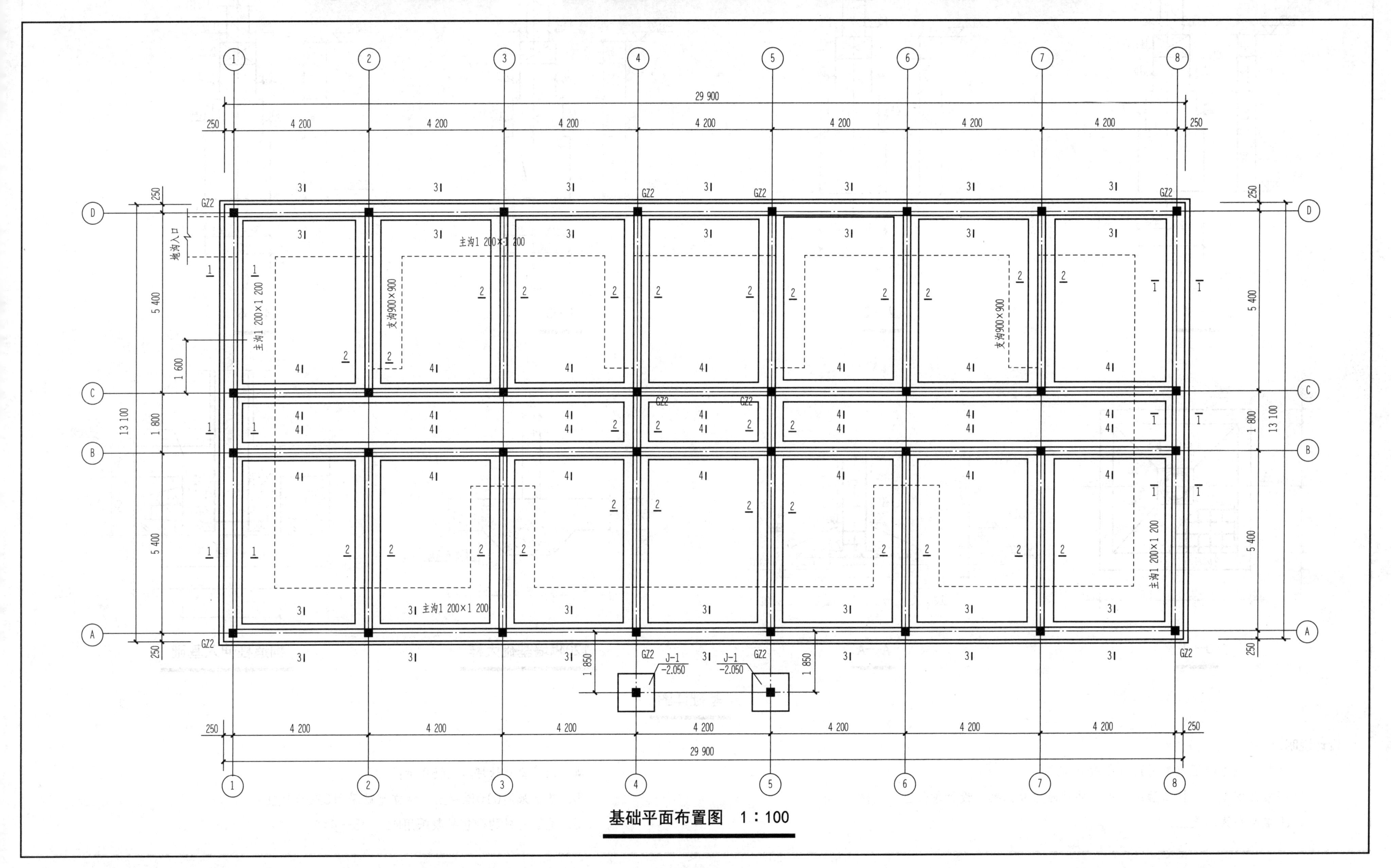

基础平面布置图　1：100

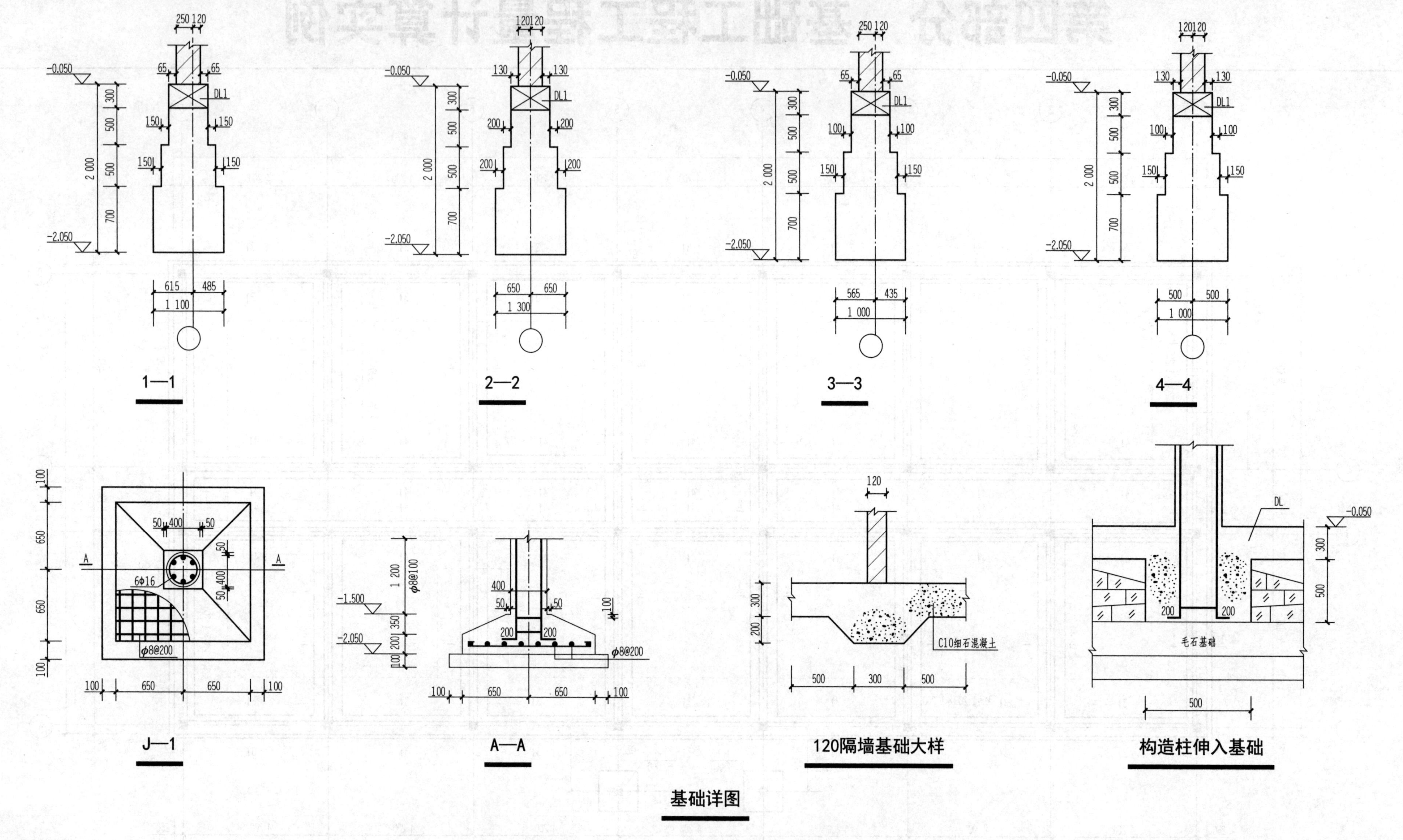

设计说明：

1. 地基承载力特征值采用160 kPa；
2. 基槽开挖至设计标高后应钎探，并及时通知勘察、设计单位进行验槽；
3. 土壤类别为二类土；
4. 设计室外地坪—0.450 m；
5. 垫层采用C10混凝土，独立基础采用C20混凝土；
6. 毛石基础的砌筑砂浆采用M10—S—4。

第五部分　建筑工程预算编制实例

图纸目录

序号	图　号	图　名	图　幅	附　注
1		封面	A3	
2		目录	A3	
3	建施—01	建筑结构总设计说明	A3	
4	建施—02	一层平面图	A3	
5	建施—03	二层平面图	A3	
6	建施—04	三层平面图	A3	
7	建施—05	屋顶平面图	A3	
8	建施—06	屋顶构造柱平面布置图	A3	
9	建施—07	南北立面图	A3	
10	建施—08	东西立面图、1—1剖面图	A3	
11	建施—09	楼梯平剖图、散水台阶详图	A3	
12	结施—01	基础平面、剖面图、结构设计说明	A3	
13	结施—02	—0.700～10.75柱平法施工图	A3	
14	结施—03	3.55、7.15横梁平法施工图	A3	
15	结施—04	3.55、7.15纵梁平法施工图	A3	
16	结施—05	10.75屋面梁平法施工图	A3	
17	结施—06	3.55、7.15楼面板配筋图(平法标注)	A3	
18	结施—07	3.55、7.15楼面板配筋图(传统标注)	A3	
19	结施—08	10.75屋面板配筋图(传统标注)	A3	
20	结施—09	10.75屋面板配筋图(平法标注)	A3	
21	结施—010	一层楼梯配筋图	A3	
22	结施—011	二层楼梯配筋图	A3	

建筑结构总设计说明

一、工程概况

1. 本建筑物为某公司办公大楼。

2. 本工程为框架结构，地上三层，基础为有梁式满堂基础。

3. 抗震等级三级、土壤类别二类。

二、混凝土强度等级

1. 本工程混凝土、梁、板、柱子的强度等级均为C30。基础混凝土强度等级C35。

2. 楼梯混凝土的强度等级为C25。

3. 过梁混凝土的强度等级为C25。

三、墙体厚度和砂浆强度等级

1. 外墙：均为250 mm厚混凝土小型空心砌块。

2. 内墙：均为200 mm厚混凝土小型空心砌块。

3. 墙体砂浆强度等级：本工程墙体砂浆均为M10混合砂浆。

四、室内装修做法

层号	房间名称	地面（楼面）	踢脚（高100 mm）	墙面	顶棚吊顶
一层	大厅	地1	踢脚1	内墙面1	吊顶2
	办公室	地2	踢脚2	内墙面1	吊顶2
	会议室	地2	踢脚2	内墙面1	吊顶2
	厕所	地3		内墙面2	吊顶1
	走廊	地1	踢脚1	内墙面1	吊顶2
	楼梯间	地1	踢脚1	内墙面1	顶棚1
二层	办公室	楼2	踢脚2	内墙面1	吊顶2
	会议室	楼2	踢脚2	内墙面1	吊顶2
	厕所	楼3		内墙面2	吊顶1
	走廊	楼1	踢脚1	内墙面1	吊顶2
	楼梯间	楼1	踢脚1	内墙面1	顶棚1
三层	办公室	楼2	踢脚2	内墙面1	吊顶2
	会议室	楼2	踢脚2	内墙面1	吊顶2
	厕所	楼3		内墙面2	吊顶1
	走廊	楼1	踢脚1	内墙面1	吊顶2
	楼梯间	楼1	踢脚1	内墙面1	顶棚1

五、室外装修设计

1. 散水做法：

(1)60 mm厚C20细石混凝土面层；

(2)150 mm厚5～32卵石灌M2.5混合砂浆，宽出面层300 mm；

(3)素土夯实，向外找坡4%。

2. 外墙做法：

(1)1：1水泥(或)白水泥砂浆(细砂)勾缝；

(2)贴6～10 mm厚瓷质外墙砖，在砖粘贴面上涂抹5 mm厚胶粘剂；

(3)6 mm厚1：0.2：2.5水泥石灰膏砂浆刮平扫毛或划出纹道；

(4)12 mm厚1：3水泥砂浆打底扫毛或划出纹道。

六、室内装修设计

(一)地面

1. 地面1：大理石地面

(1)20 mm厚大理石板，稀水泥浆擦缝；

(2)30 mm厚1：3干硬性水泥砂浆；

(3)素水泥浆一道；

(4)60 mm厚C15混凝土垫层；

(5)150 mm厚碎石灌M5水泥砂浆；

(6)素土夯实。

2. 地面2：陶瓷地砖地面

(1)10 mm厚地砖铺实拍平，稀水泥浆擦缝；

(2)20 mm厚1：3干硬性水泥砂浆；

(3)素水泥浆一道；

(4)60 mm厚C15混凝土垫层；

(5)150 mm厚碎石灌M5水泥砂浆；

(6)素土夯实。

3. 地面3：防滑地砖地面

(1)10 mm厚地砖铺实拍平，稀水泥浆擦缝；

(2)30 mm厚1：3干硬性水泥砂浆；

(3)1.5 mm聚氨酯涂膜防水层；

(4)最薄处20 mm厚细石混凝土从门口向地漏找1%坡；

(5)素水泥浆一道；

(6)60 mm厚C15混凝土垫层；

(7)150 mm厚碎石灌M5水泥砂浆；

(8)素土夯实。

(二)楼面

1. 楼面1：大理石楼面

(1)20 mm厚大理石板，稀水泥浆擦缝；

(2)30 mm厚1：3干硬性水泥砂浆；

(3)钢筋混凝土楼板。

2. 楼面2：陶瓷地砖楼面

(1)10 mm厚地砖铺实拍平，稀水泥浆擦缝；

(2)20 mm厚1：3干硬性水泥砂浆；

(3)素水泥浆一道；

(4)钢筋混凝土楼板。

3. 楼面3：防滑地砖地面

(1)10 mm厚地砖铺实拍平，稀水泥浆擦缝；

(2)20 mm厚1：3干硬性水泥砂浆；

(3)1.5 mm聚氨酯涂膜防水层；

(4)素水泥浆一道；

(5)最薄处20 mm厚细石混凝土从门口向地漏找1%坡；

(6)钢筋混凝土楼板。

(三)踢脚

1. 踢脚1：大理石踢脚(高度100 mm)

(1)9 mm厚的1：3水泥砂浆；

(2)6 mm厚的1：2水泥砂浆；

(3)素水泥浆一道；

(4)4～5 mm厚1：1水泥砂浆加水重20%的建筑胶粘结层；

(5)10 mm厚大理石板，稀水泥浆擦缝。

2. 踢脚2：面砖踢脚(高度100 mm)

(1)9 mm厚的1：3水泥砂浆；

(2)6 mm厚的1：2水泥砂浆；

(3)素水泥浆一道；

(4)3～4 mm厚1：1水泥砂浆加水重20%的建筑胶粘结层；

(5)7 mm厚面砖，稀水泥浆擦缝。

(四)窗台

窗台：25 mm厚花岗石窗台板。

(五)内墙面

1. 内墙面1：乳胶漆

(1)9 mm厚1：1：6水泥石灰砂浆；

(2)6 mm厚1：0.5：3水泥石灰砂浆；

(3)刮腻子两遍；

(4)乳胶漆。

2. 内墙面2：瓷砖墙面

(1)9 mm厚1：3水泥砂浆压实抹平；

(2)素水泥浆一道；

(3)3～4 mm厚1：1水泥砂浆加水重20%的建筑胶粘结层；

(4)4～5 mm厚瓷砖，白水泥擦缝。

(六)顶棚

顶棚1：混合砂浆抹灰

(1)7 mm厚1：1：4水泥石灰砂浆；

(2)5 mm厚1：0.5：3水泥石灰砂浆；

(3)刮腻子两遍；

(4)乳胶漆。

(七)吊顶

1. 吊顶1：铝合金条板吊顶(燃烧性能为A级)

(1)0.8～1.0 mm厚铝合金条板，高缝安装带插缝板；

(2)U形轻钢次龙骨LB45×48，中距≤1 500 mm；

(3)U形轻钢主龙骨LB38×12，中距≤1 500 mm，与钢筋吊杆固定；

(4)ϕ6钢筋吊杆，中距横向≤1 500 mm，纵向≤1 200 mm；

(5)现浇混凝土板底预留ϕ10钢筋吊环，双向中距≤1 500 mm。

2. 吊顶2：岩棉吸声板吊顶(燃烧性能为A级，高800 mm)

(1)12 mm厚岩棉吸声板面层，规格592 mm×592 mm；

(2)T形铝合金次龙骨TB24×28，中距600 mm；

(3)T形铝合金次龙骨TB24×28，中距600 mm，找平后与钢筋吊杆固定；

(4)ϕ8钢筋吊杆，双向中距≤1 200 mm；

(5)现浇混凝土板底预留ϕ10钢筋吊环，双向中距≤1 200 mm。

(八)油漆工程做法

除已特别注明的部位外，其他需要油漆的部位均为：

1. 金属面油漆

(1)刷三宝漆2～3遍；

(2)满刮腻子，砂纸抹平；

(3)刷防锈漆一遍；

(4)金属面清理、除锈；

(5)涂饰底层涂料；

(6)喷涂主层涂料；

(7)涂饰面层涂料两遍。

2. 真石漆外墙面

(1)刷专用界面剂一道；

(2)9 mm厚1：3水泥砂浆；

(3)6 mm厚1：2.5水泥砂浆抹平；

(4)5厚干粉类聚合物水泥防水砂浆，中间压入一层耐碱玻璃纤维网布。

七、门窗表

类别	名称	宽度/mm	高度/mm	离地高/mm	材质	数量			
						首层	二层	三层	总数
门	M1	4 200	2 900	0	全玻门	1	0	0	1
	M2	900	2 400	0	胶合板门	16	18	18	52
	M3	750	2 100	0	塑合板门	4	4	4	12
窗	C1	1 500	2 100	900	塑钢窗	10	10	10	30
	C2	3 000	2 100	900	塑钢窗	10	10	10	30
	C3	3 900	2 100	900	塑钢窗	1	1	1	3
	C4	4 500	2 000	900	塑钢窗	0	1	1	2

八、过梁表

类别	名称	洞口宽度/mm	过梁高度/mm	过梁宽度/mm	过梁长度/mm	过梁配筋
门	M1	4 200	无			同墙宽；120；3ϕ12；ϕ6.5@200
	M2	900	120	同墙宽	洞口宽+250	
	M3	750	120	同墙宽	洞口宽+440	
窗	C1	1 500	无			
	C2	3 000	无			
	C3	3 900	无			
	C4	4 500	无			

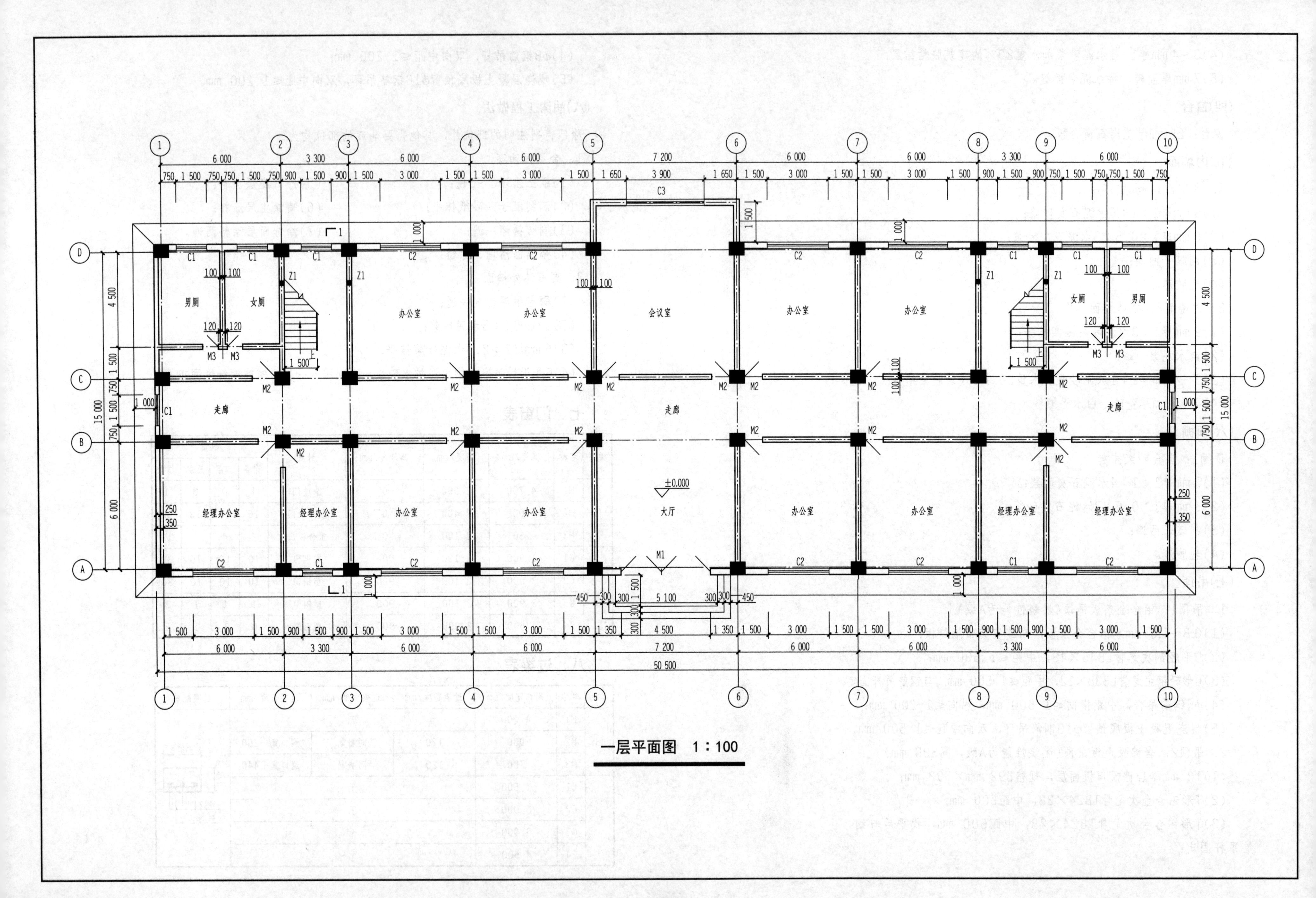

一层平面图　1：100

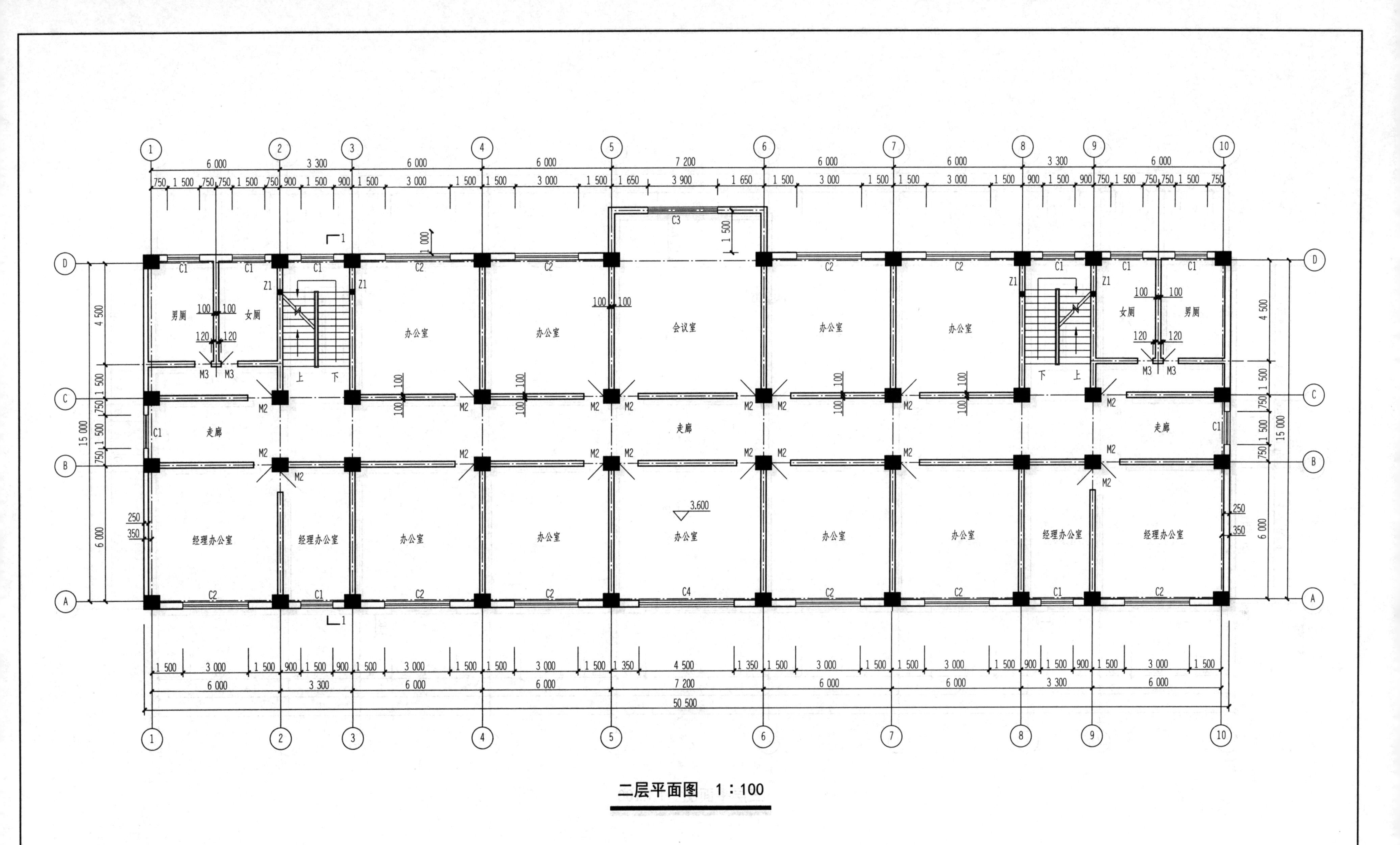

二层平面图 1：100

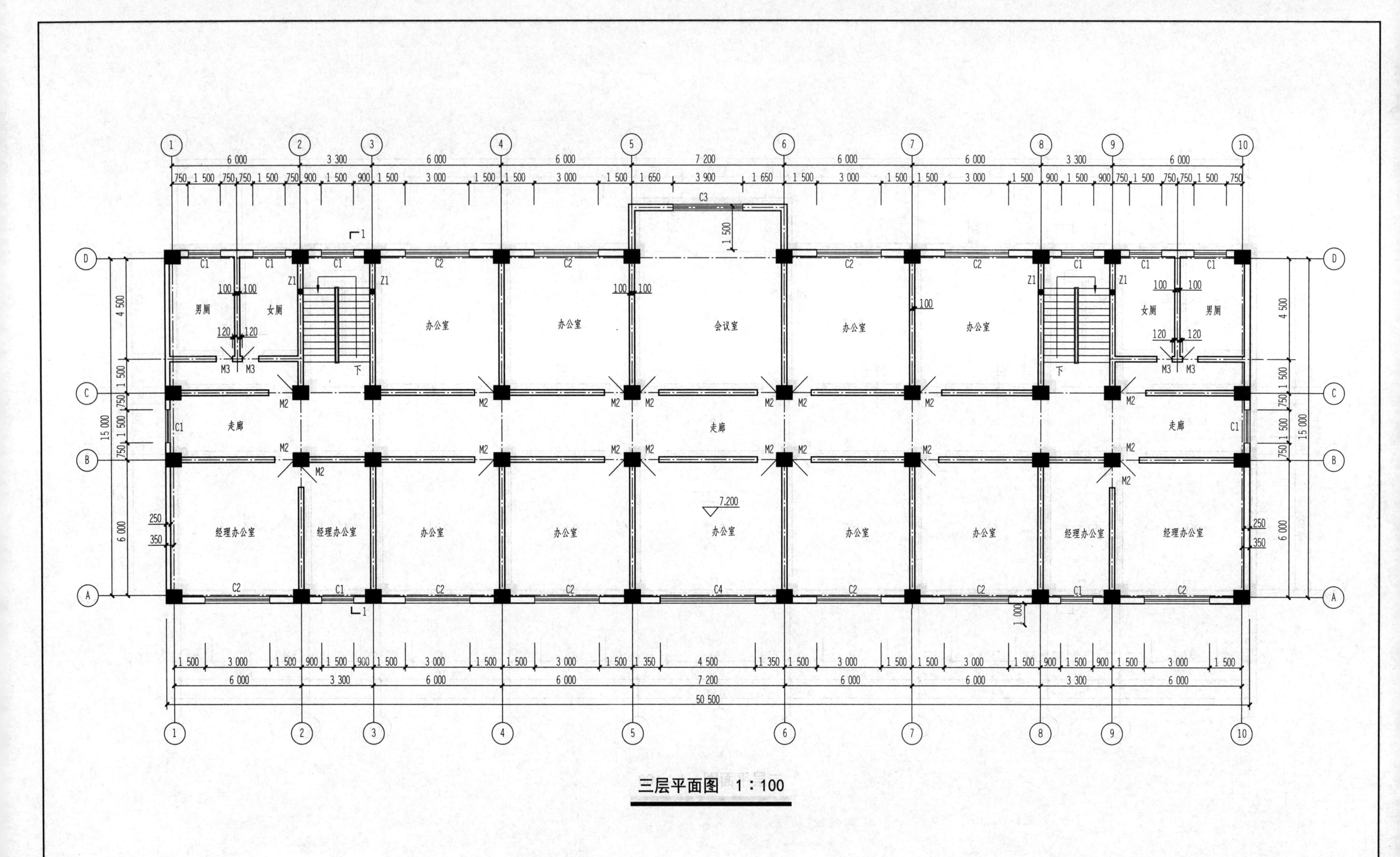

三层平面图 1：100

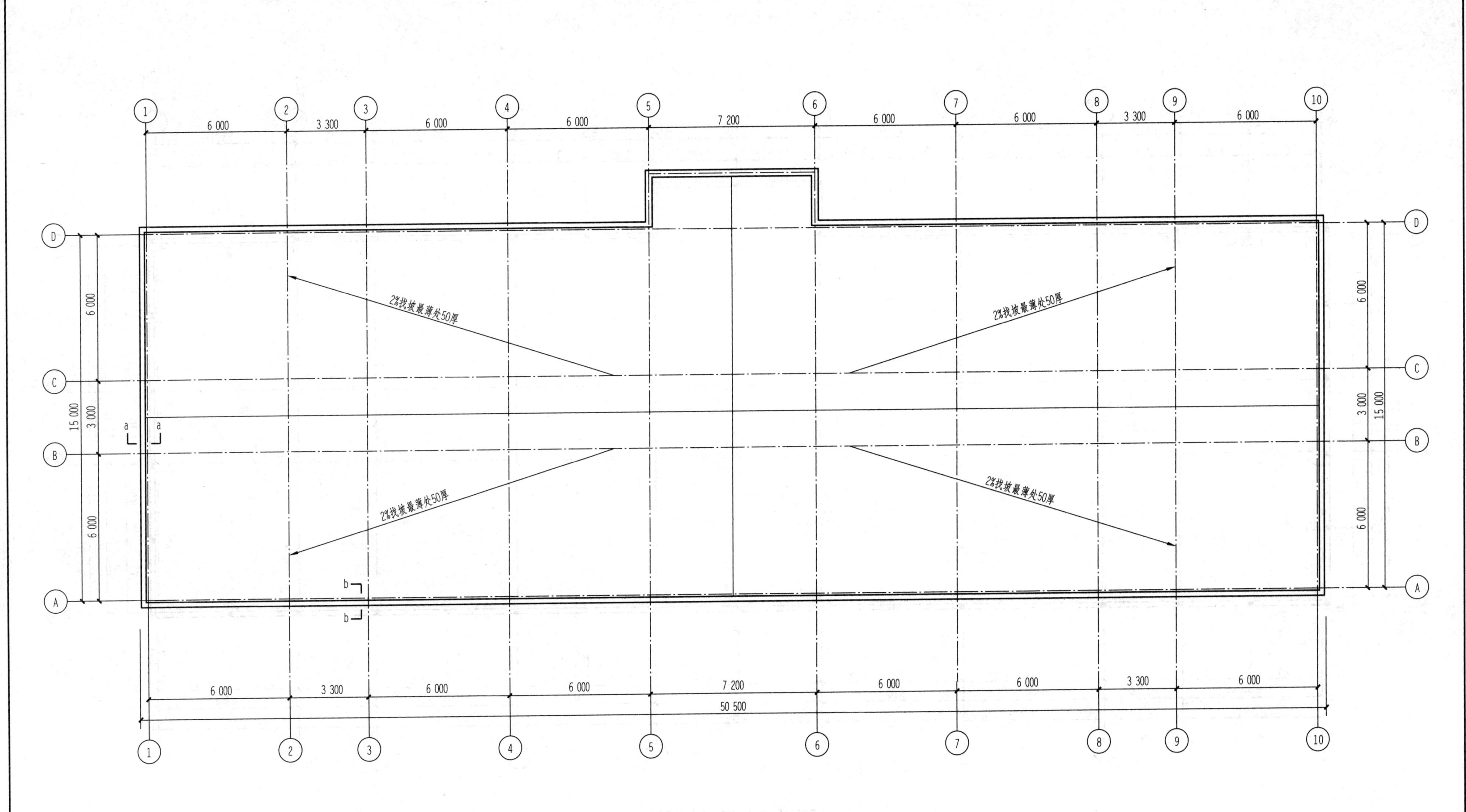

a—a、b—b剖面见建施　09(第16页)

屋顶平面图　1：100

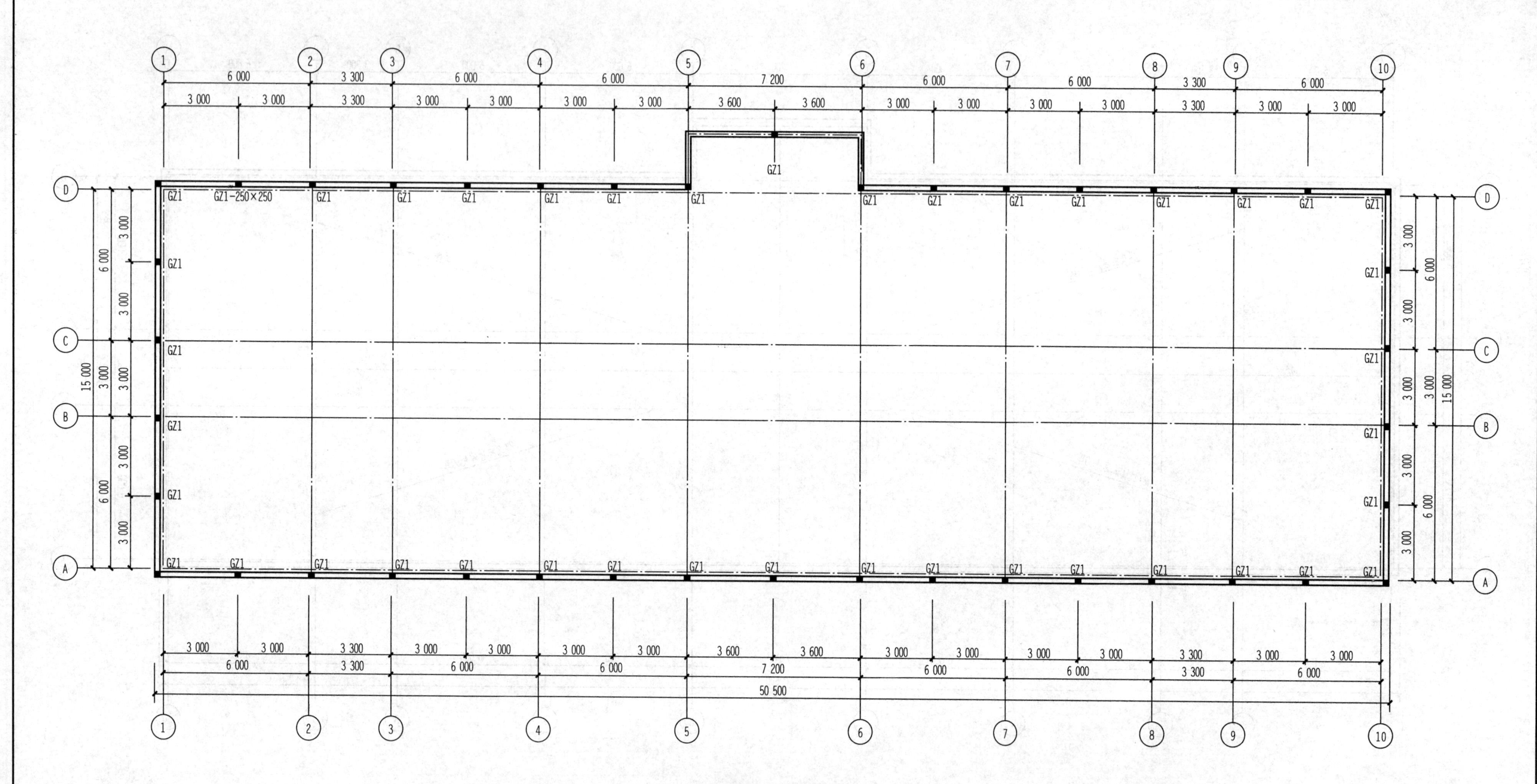
1
2
3
4
5
6
7
8
9
10
A
B
C
D
GZ1-250×250
GZ1
3 000
3 300
3 600
6 000
7 200
15 000
50 500

屋顶构造柱平面布置图

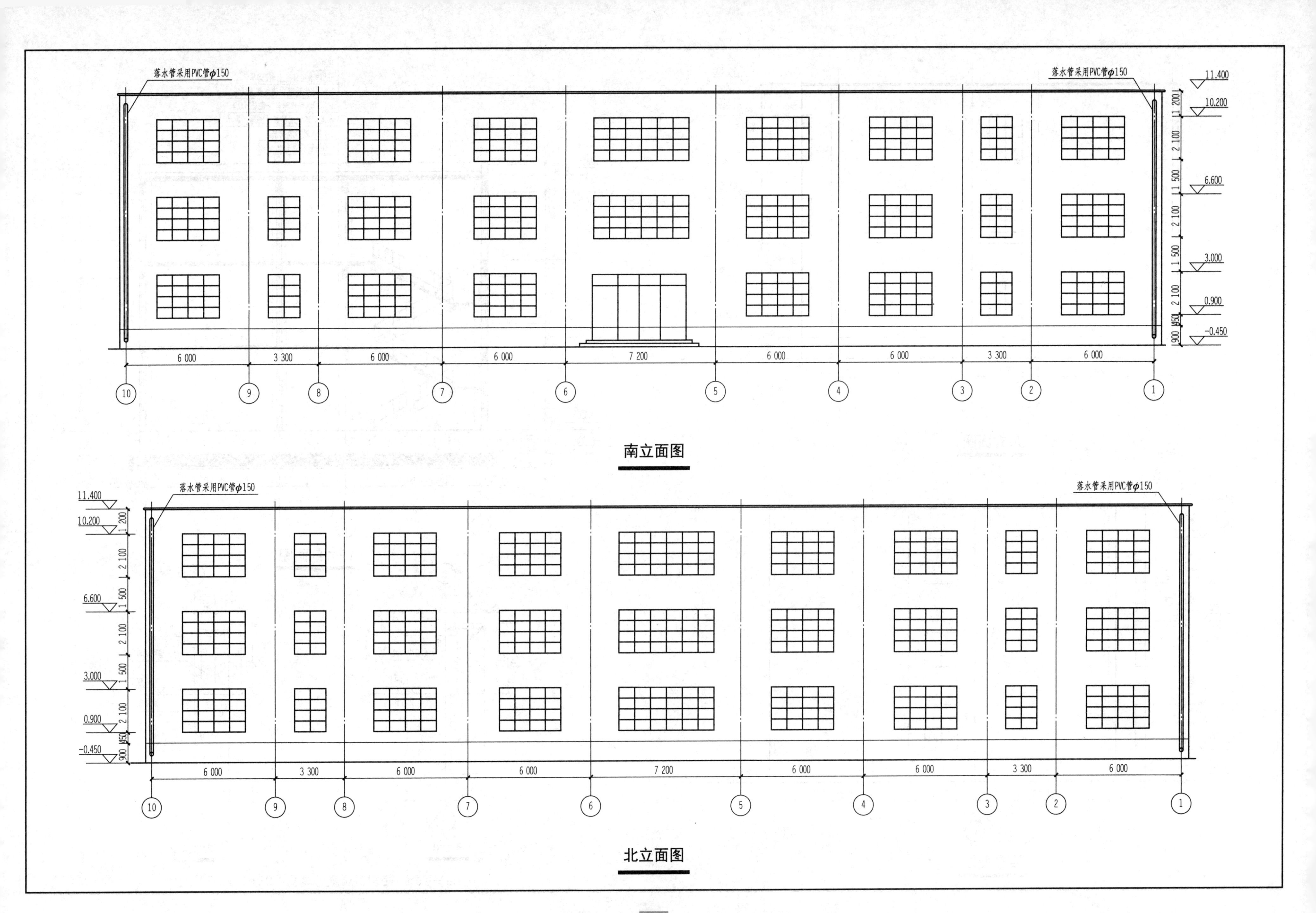
落水管采用PVC管φ150
落水管采用PVC管φ150
11.400
10.200
6.600
3.000
0.900
-0.450
1 200
2 100
1 500
2 100
1 500
2 100
450
900
6 000
3 300
6 000
6 000
7 200
6 000
6 000
3 300
6 000
10
9
8
7
6
5
4
3
2
1
南立面图
落水管采用PVC管φ150
落水管采用PVC管φ150
11.400
10.200
6.600
3.000
0.900
-0.450
6 000
3 300
6 000
6 000
7 200
6 000
6 000
3 300
6 000
10
9
8
7
6
5
4
3
2
1
北立面图

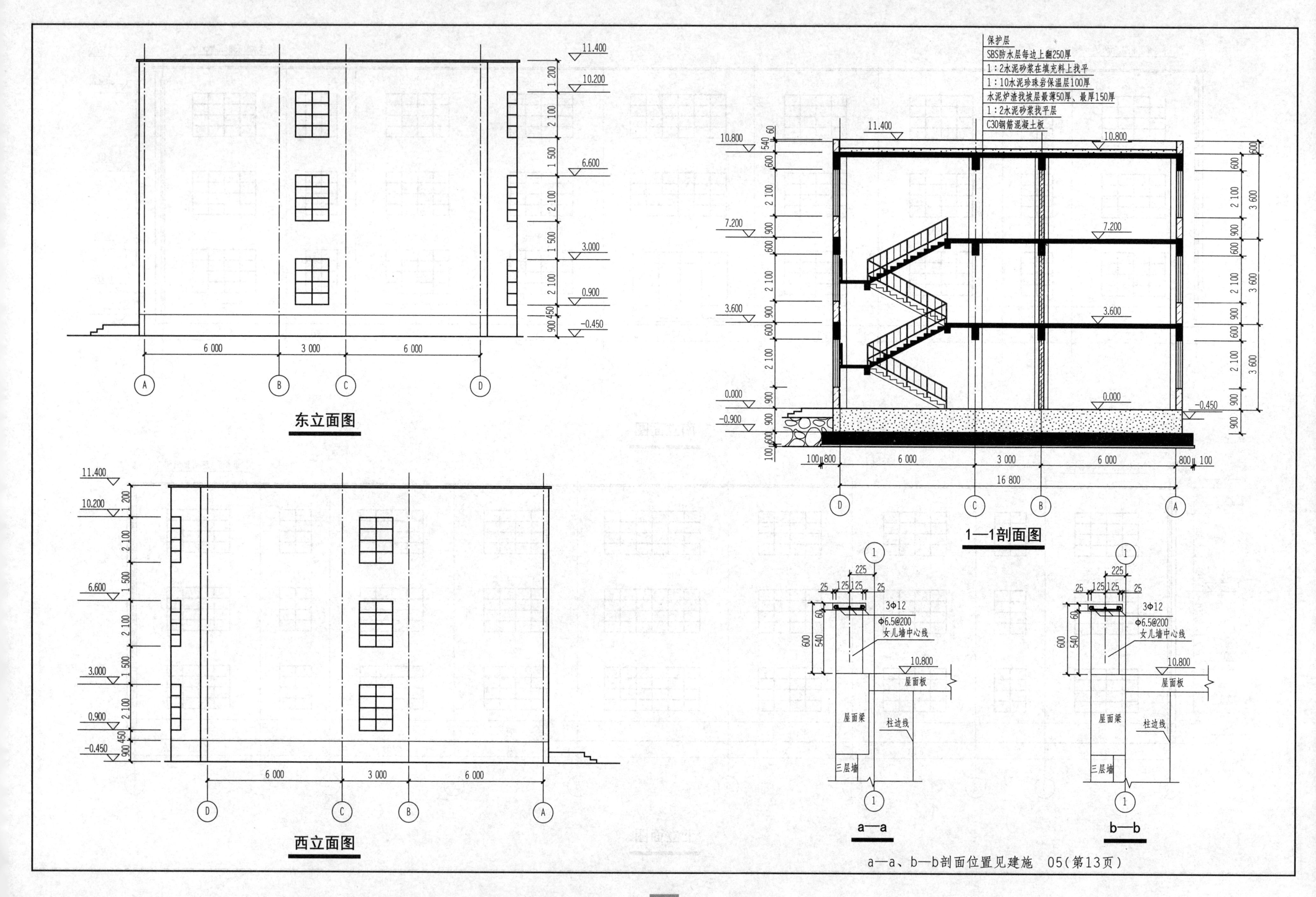
东立面图
西立面图
1—1剖面图
保护层
SBS防水层每边上翻250厚
1：2水泥砂浆在填充料上找平
1：10水泥珍珠岩保温层100厚
水泥炉渣找坡层最薄50厚、最厚150厚
1：2水泥砂浆找平层
C30钢筋混凝土板
3Φ12
Φ6.5@200
女儿墙中心线
屋面板
屋面梁
柱边线
三层墙
a—a
b—b
a—a、b—b剖面位置见建施 05(第13页)

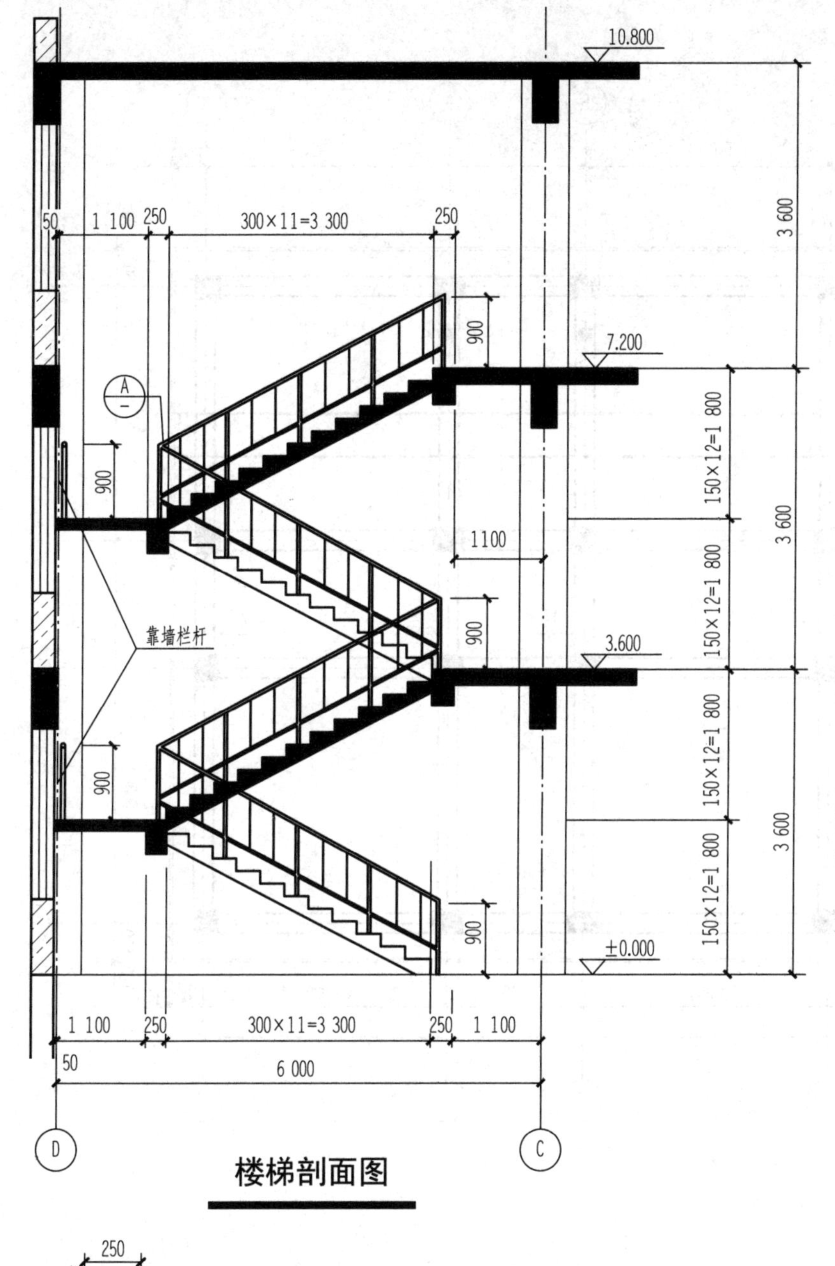

楼梯剖面图

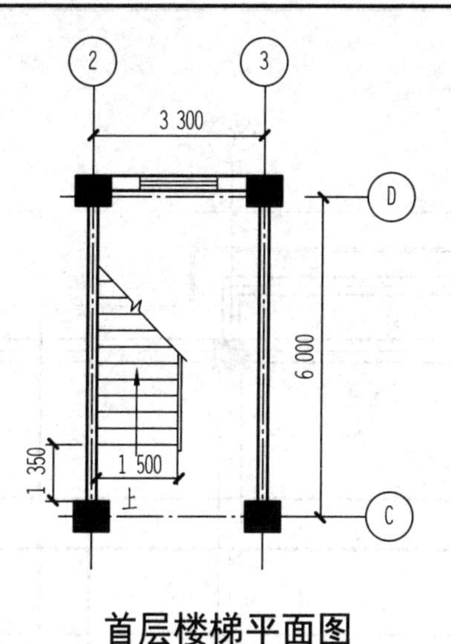

首层楼梯平面图

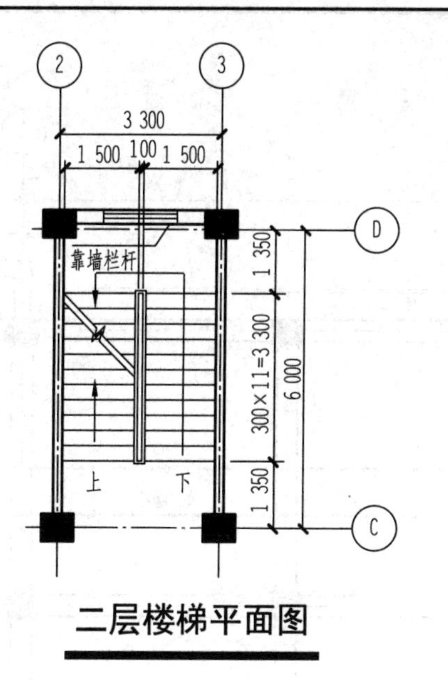

二层楼梯平面图

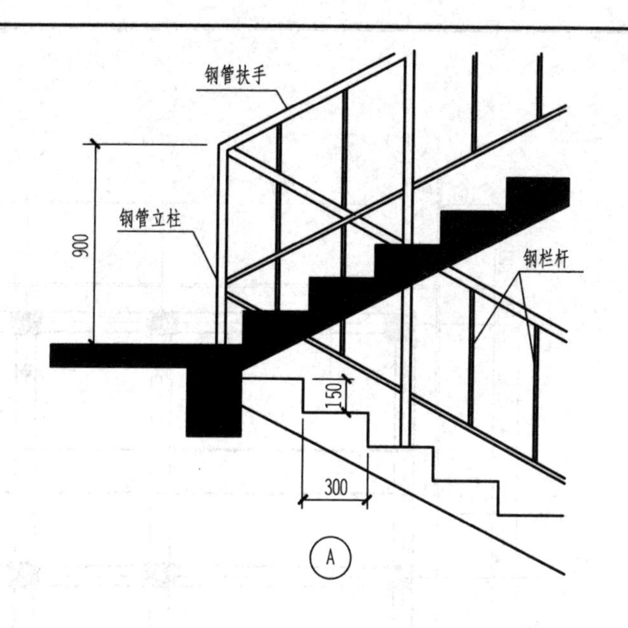

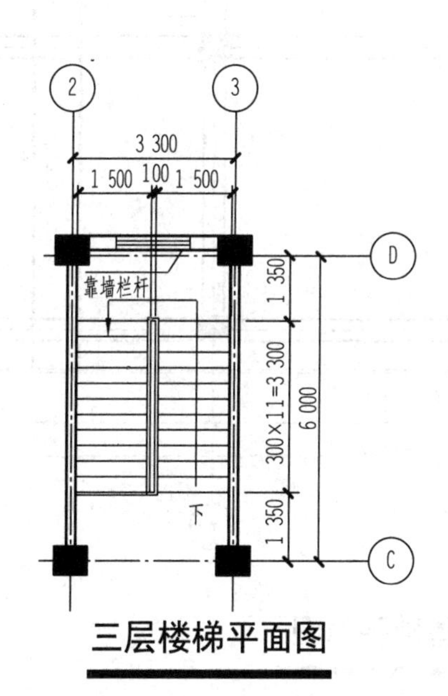

三层楼梯平面图

楼梯装修做法：花岗石铺面楼梯

台13A做法明细(修改)：

1. 20 mm厚花岗岩板铺面，正、背面及四周边满涂防污剂，灌稀水泥浆(或彩色水泥浆)擦缝；

2. 撒素水泥面(洒适量清水)；

3. 30 mm厚1∶4硬性水泥砂浆粘结层；

4. 素水泥浆一道(内掺建筑胶)；

5. 100 mm厚C15混凝土，台阶面向外坡1%。

外墙做法：

1. 挤塑板保温层厚度100 mm；

2. 网格布；

3. 1∶3水泥砂浆；

4. 涂料。

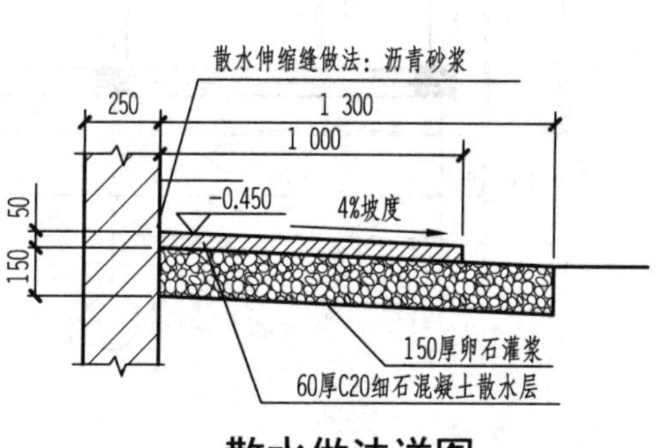

散水做法详图

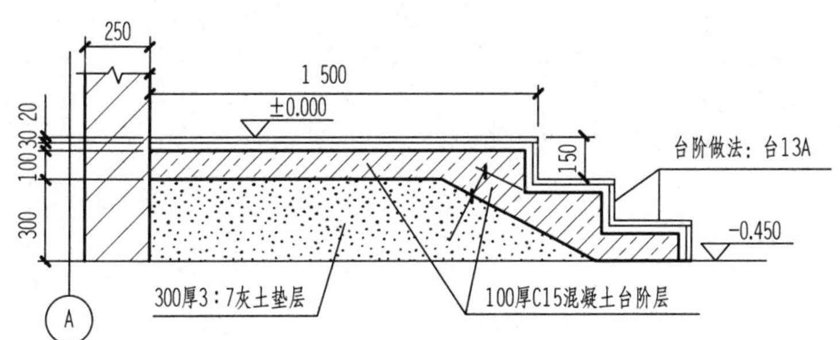

台阶装饰详图

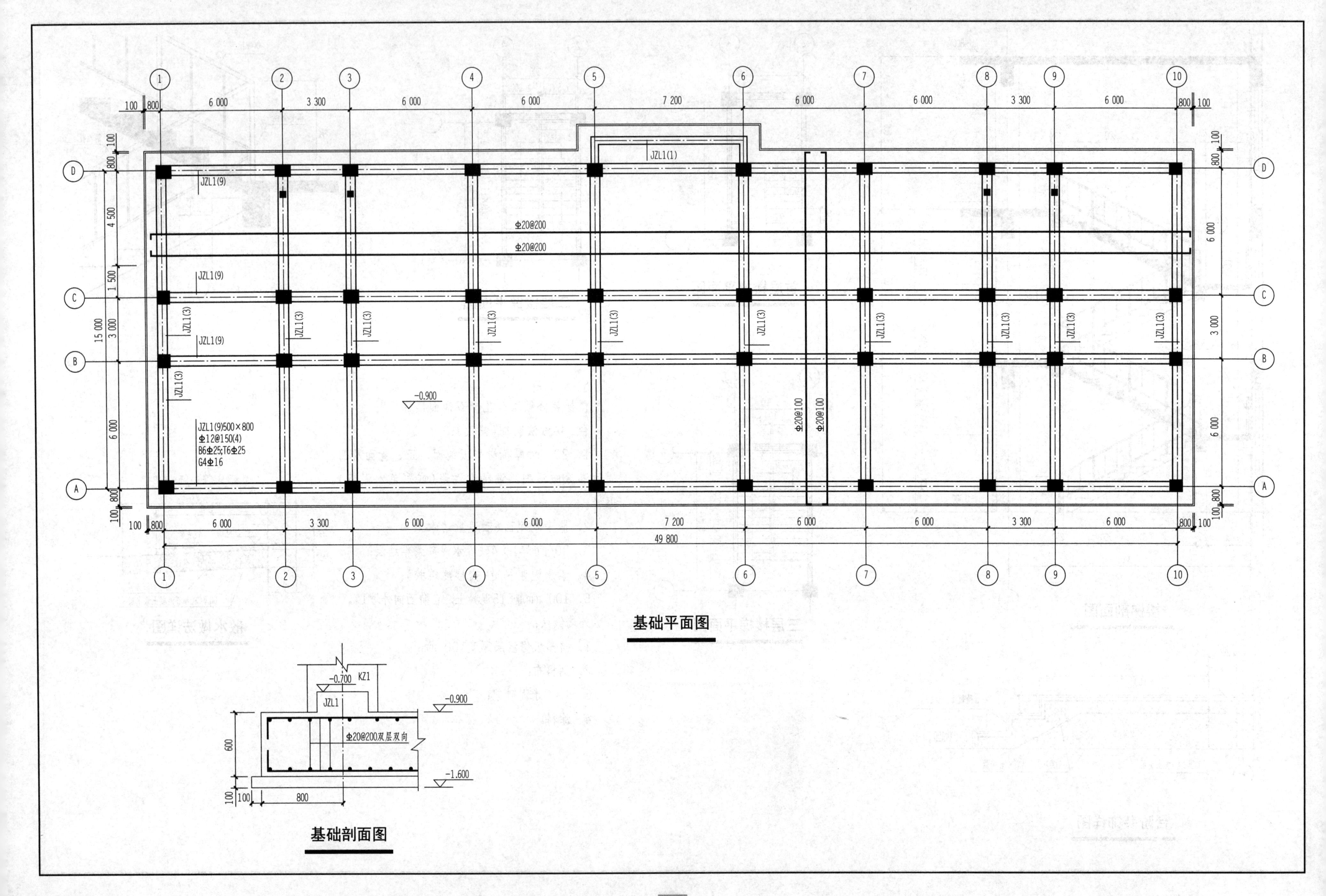
基础平面图
JZL1(9)500×800
Φ12@150(4)
B6Φ25;T6Φ25
G4Φ16
JZL1(9)
JZL1(3)
JZL1(1)
Φ20@200
Φ20@100
−0.900
49 800
基础剖面图
KZ1
JZL1
−0.700
−0.900
−1.600
Φ20@200双层双向
600
800
100

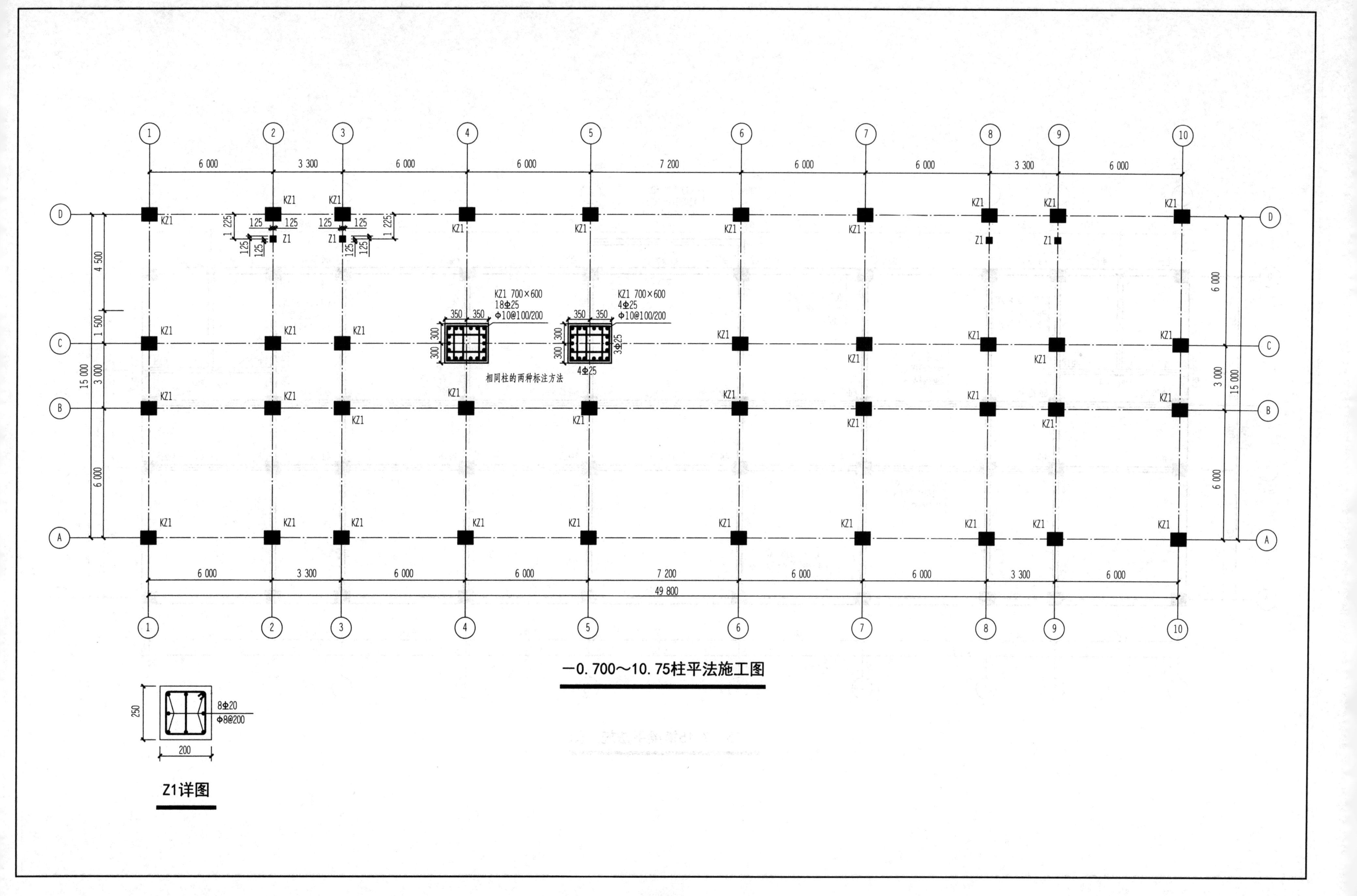

−0.700～10.75柱平法施工图

Z1详图

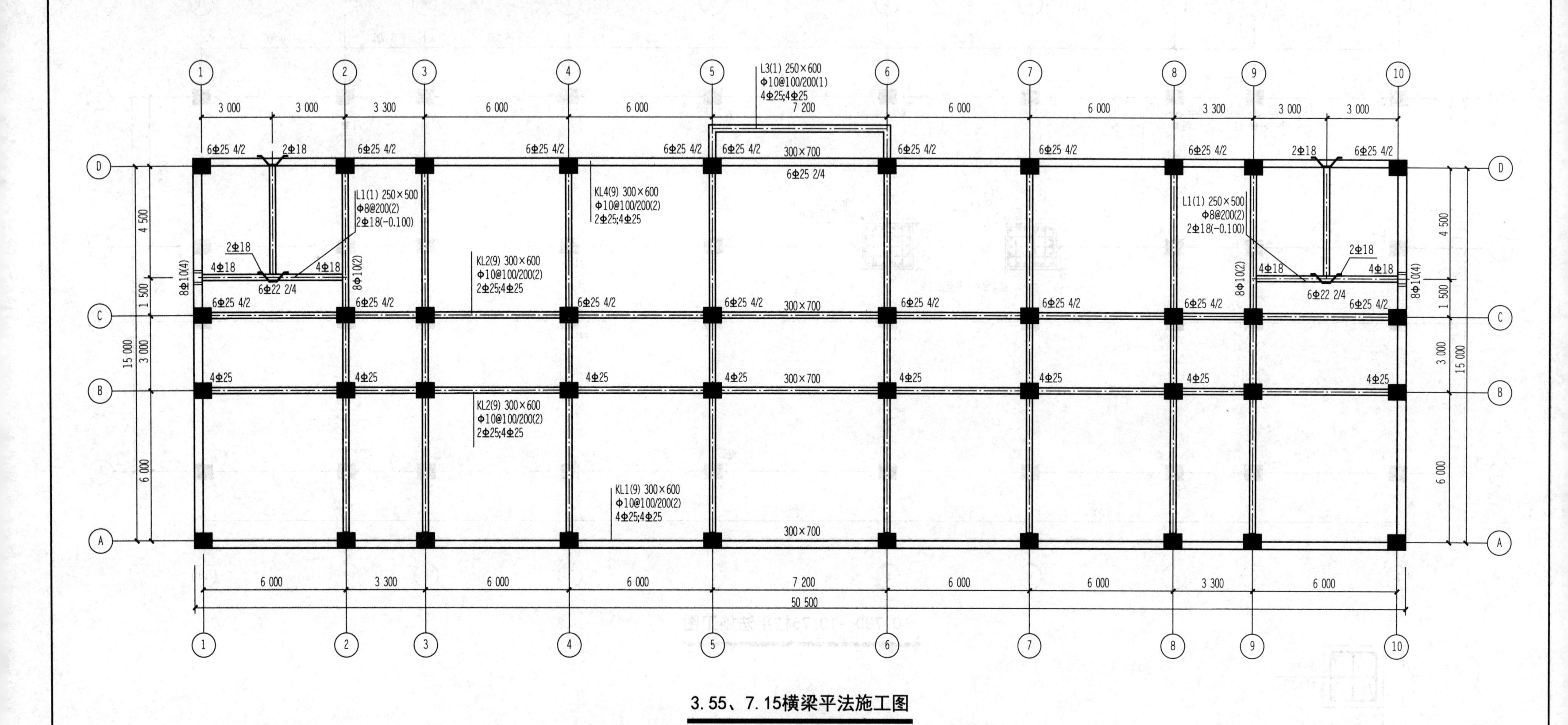

3.55、7.15横梁平法施工图

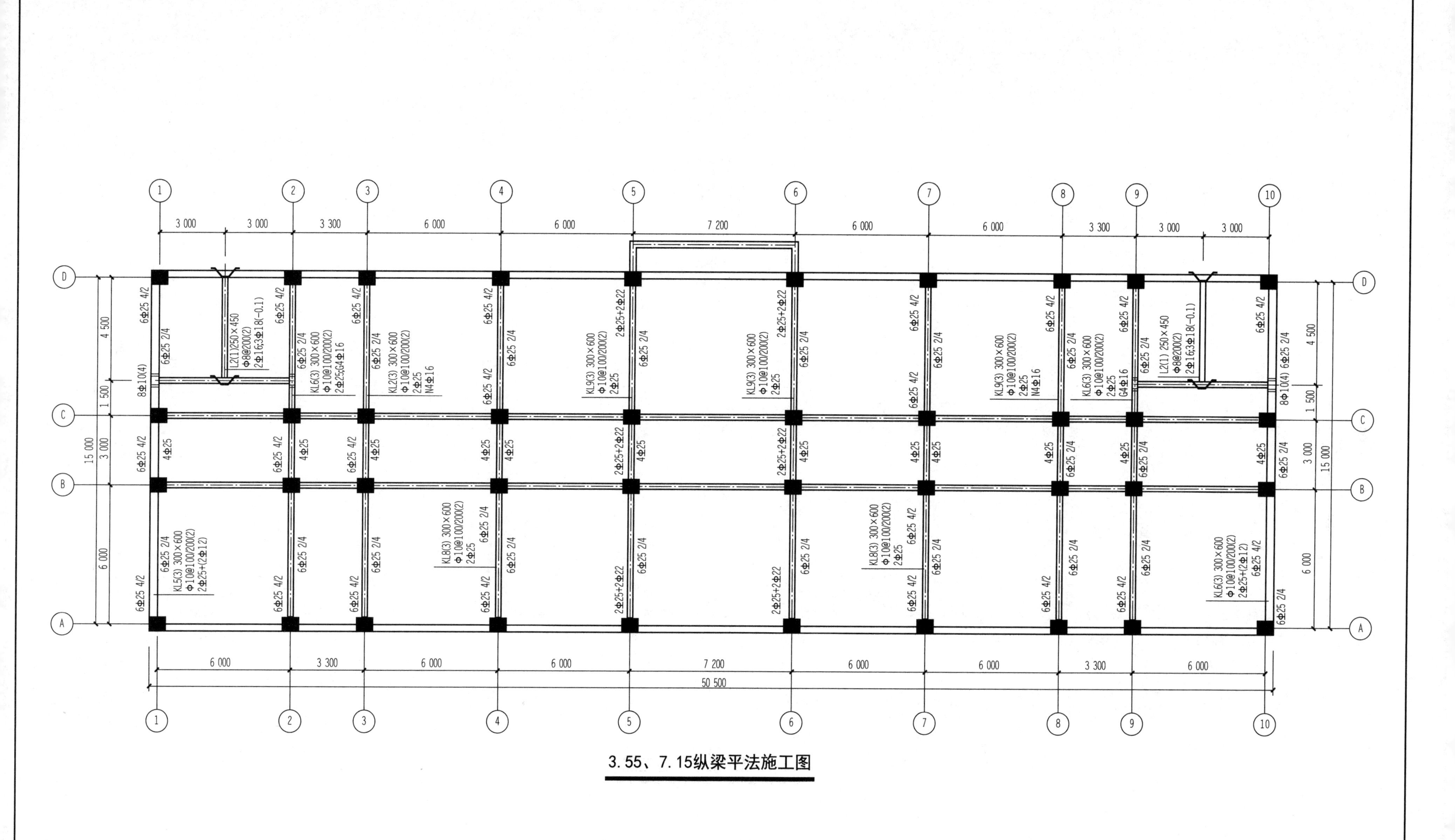

3.55、7.15纵梁平法施工图

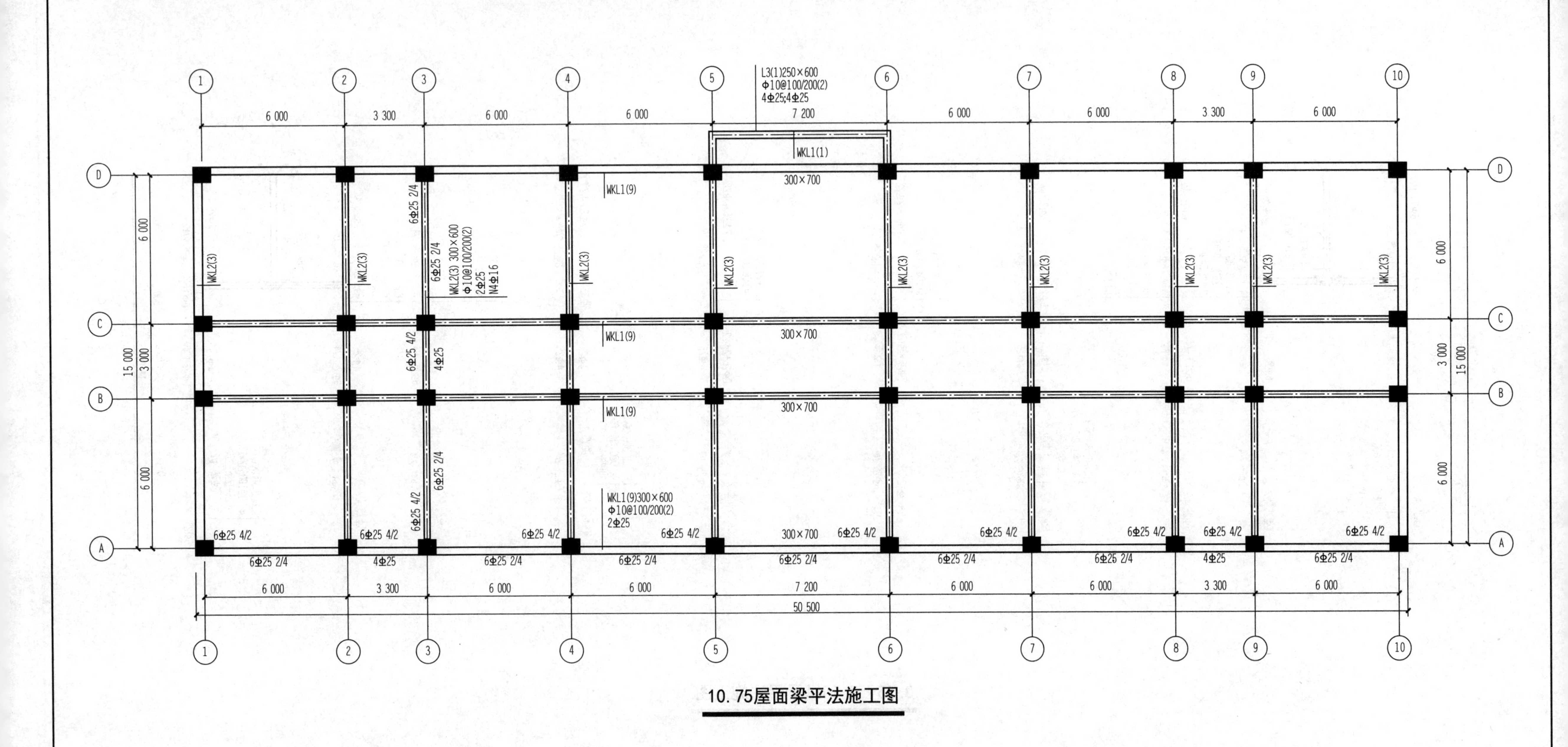

10.75屋面梁平法施工图

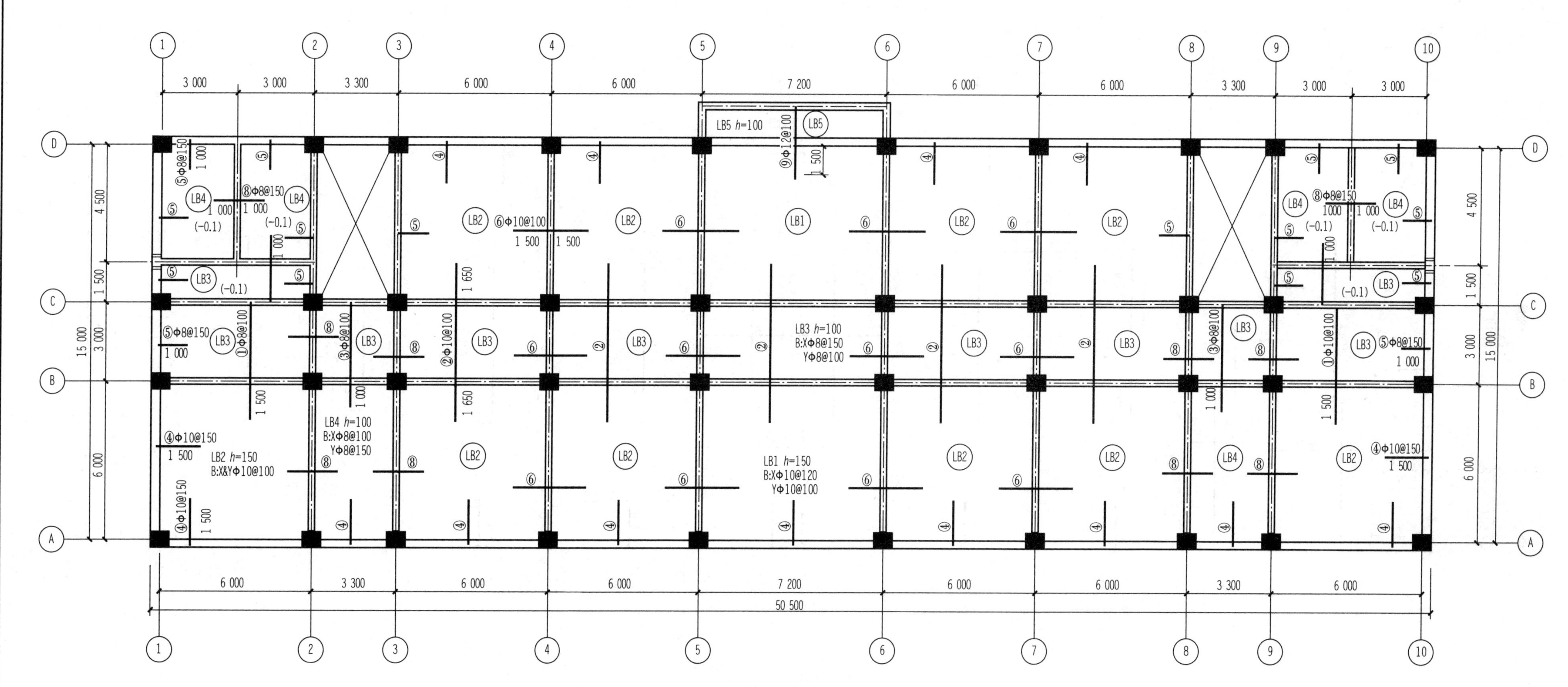

3.55、7.15楼面板配筋图(平法标注)

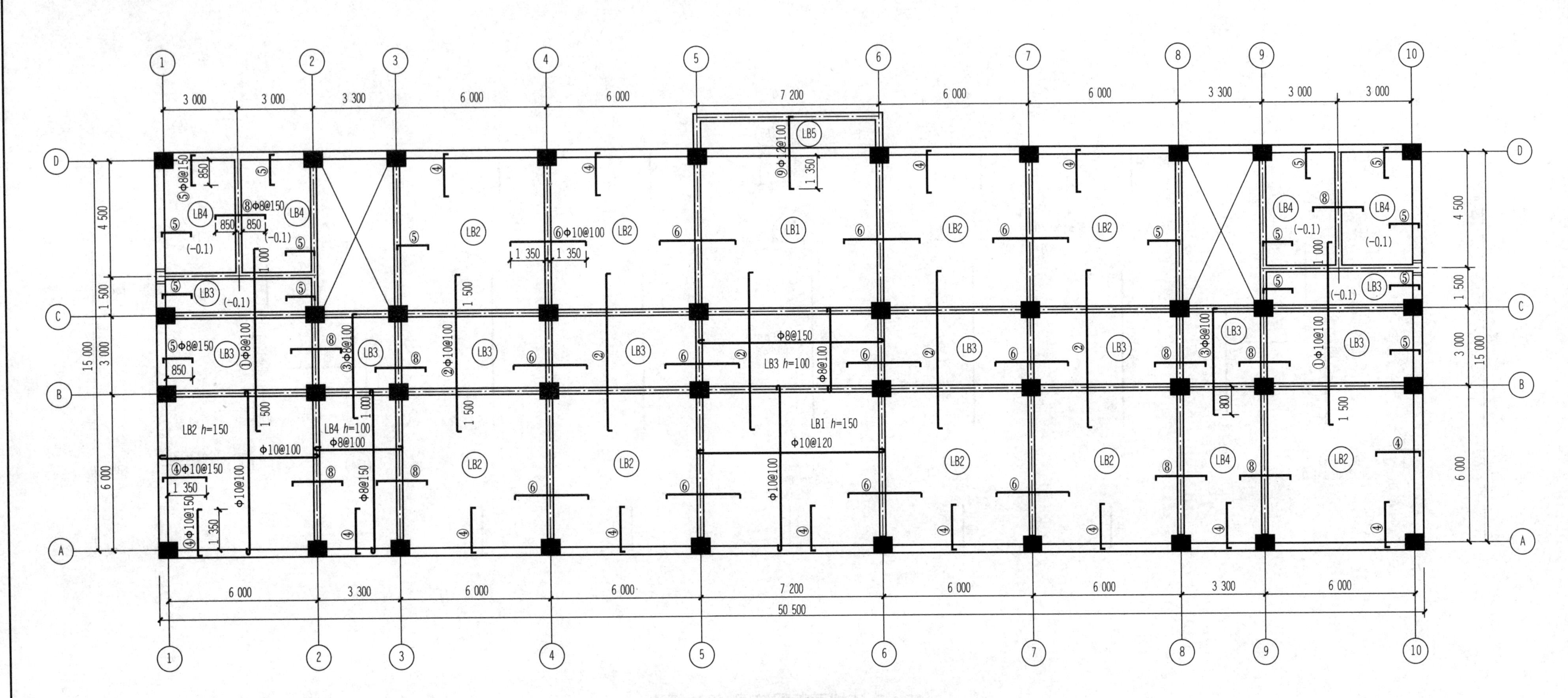

3.55、7.15楼面板配筋图(传统标注)

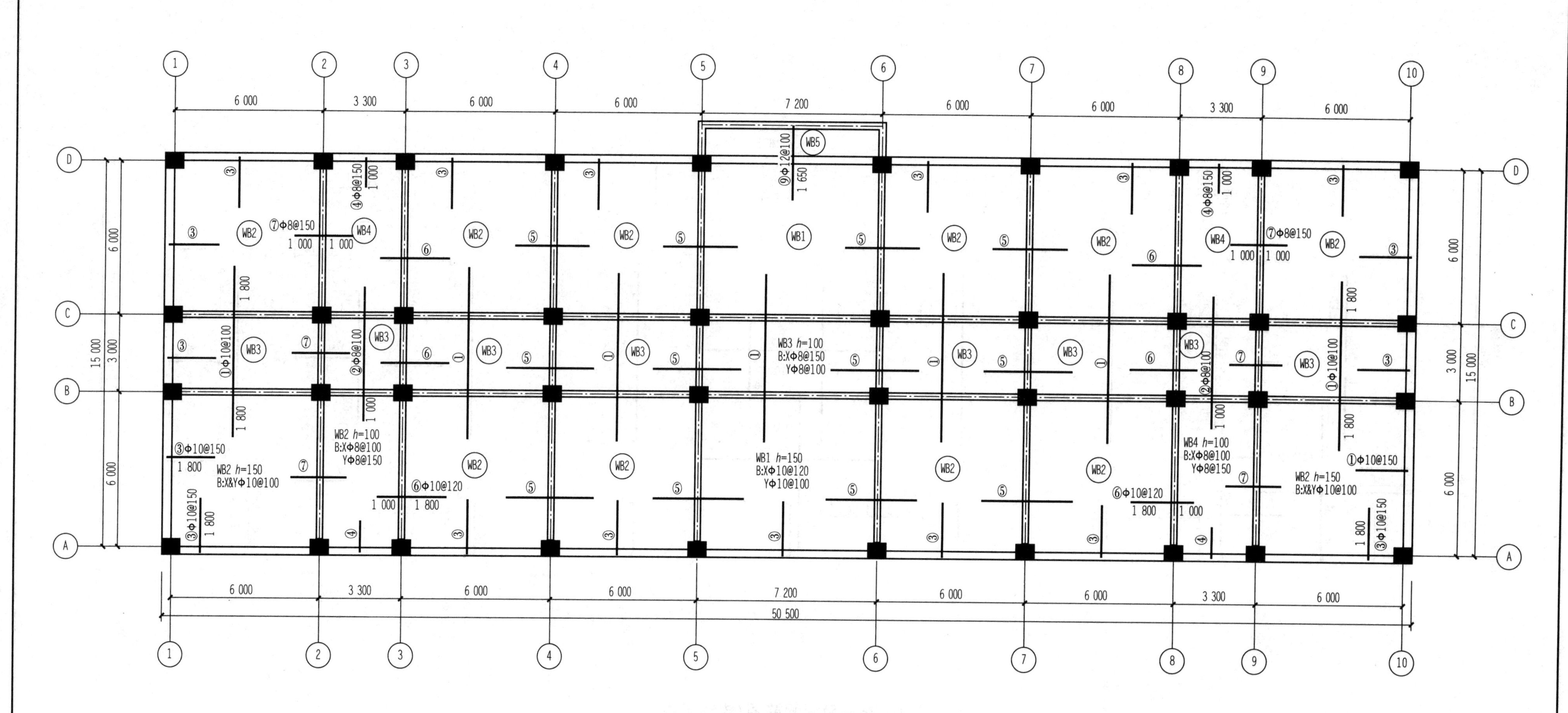

10.75屋面板配筋图(平法标注)

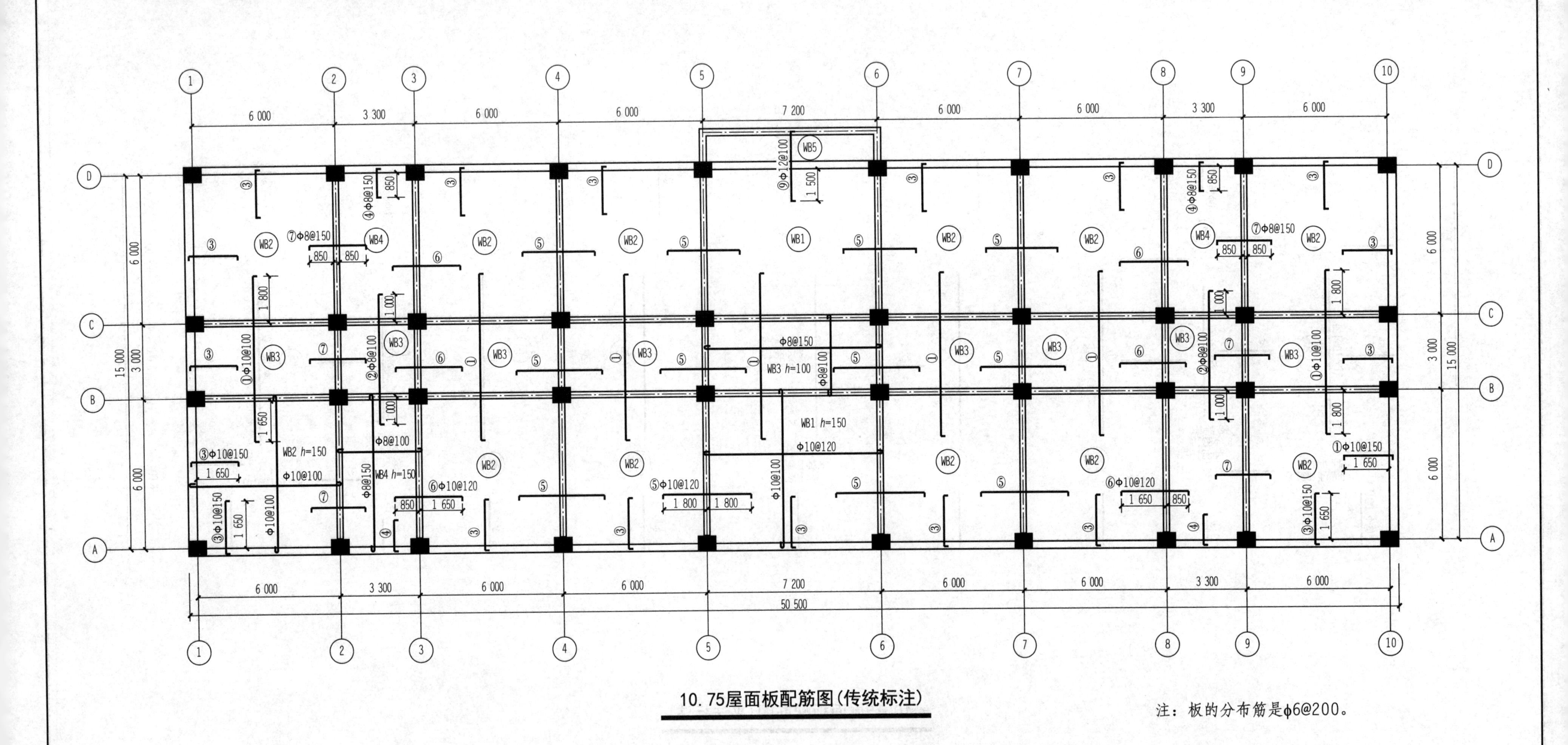

10.75屋面板配筋图(传统标注)

注：板的分布筋是ϕ6@200。

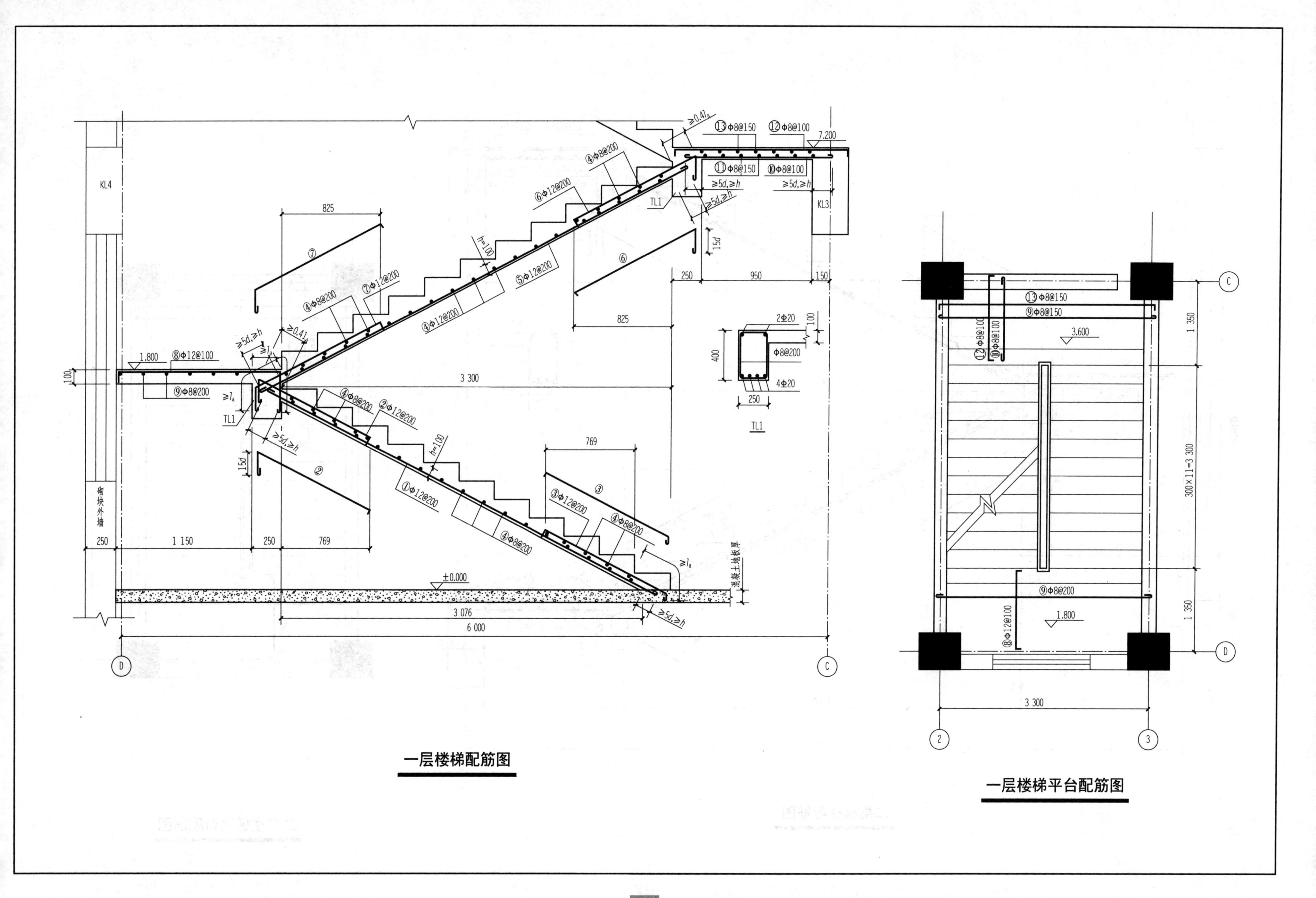
KL4
825
⑦
⑦Φ12@200
④Φ8@200
④Φ12@200
⑥Φ12@200
④Φ8@200
⑤Φ12@200
h=100
⑬Φ8@150
⑫Φ8@100
7.200
⑪Φ8@150
⑩Φ8@100
≥5d,≥h
TL1
KL3
15d
⑥
250
950
150
825
1.800
⑧Φ12@100
⑨Φ8@200
100
TL1
3 300
④Φ8@200
②Φ12@200
①Φ12@200
④Φ8@200
②
769
③
③Φ12@200
④Φ8@200
砌块外墙
250
1 150
250
769
±0.000
混凝土地板厚
3 076
6 000
D
C
2Φ20
Φ8@200
4Φ20
400
250
100
TL1
一层楼梯配筋图
C
⑬Φ8@150
⑨Φ8@150
⑫Φ8@100
⑩Φ8@100
3.600
1 350
300×11=3 300
⑨Φ8@200
1.800
⑧Φ12@100
1 350
D
3 300
2
3
一层楼梯平台配筋图

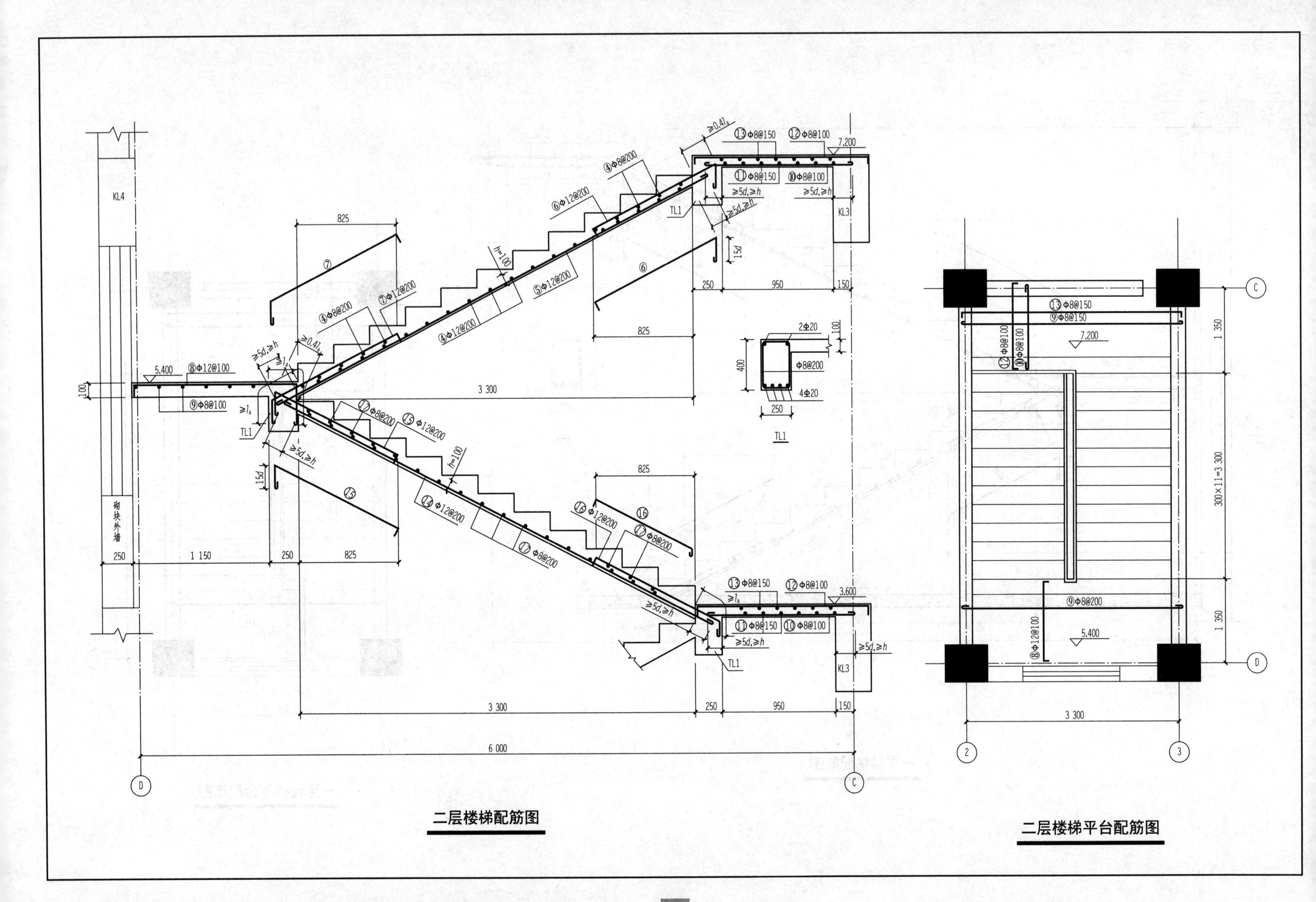
二层楼梯配筋图
二层楼梯平台配筋图
KL4
KL3
TL1
砌块外墙
5.400
7.200
3.600
⑧Φ12@100
⑨Φ8@100
⑬Φ8@150
⑫Φ8@100
⑪Φ8@150
⑩Φ8@100
④Φ8@200
⑥Φ12@200
⑤Φ12@200
⑦Φ12@200
④Φ12@200
⑮Φ12@200
⑰Φ8@200
⑭Φ12@200
⑯Φ12@200
2Φ20
Φ8@200
4Φ20
⑨Φ8@150
⑨Φ8@200
⑧Φ12@100
3 300
6 000
825
1 150
250
950
150
1 350
300×11=3 300

第六部分　建筑工程预算习题

建筑施工图

建筑设计总说明

一、设计依据

1. 建设单位提供的工程设计任务书。
2. 建设单位提供的建筑用地现状图、工程地质勘察资料。
3. 建设单位与城市规划主管部门认可的建筑设计方案。
4. 国家现行有关建筑设计规范。
5. 建设单位与设计单位签订的《委托设计合同书》。

二、工程概况

1. 本工程位于内蒙古呼和浩特市。
2. 本工程为三层砌体结构，室内外高差为0.30 m，檐口高度为8.760 m。
3. 本工程抗震设防烈度为8度，设计使用年限为50年。
4. 本设计标高±0.000的绝对标高现场定。

三、墙体工程

1. 外墙为370 mm厚多孔砌块墙，内墙为240 mm厚多孔砌块墙，隔墙为120 mm多孔砌块墙。
2. 内外墙预留洞口的位置及尺寸详见各专业施工图。

四、门窗工程

1. 本工程外窗抗风压性能大于3.5 kPa，水密性能大于350 Pa，气密性能小于1.5 $m^3/(m \cdot h)$，保温性能小于3.0 $W/(m^2 \cdot K)$，隔声性能小于35 dB。

2. 本工程外窗采用乳白色塑钢内平开中空玻璃(5+9+5)窗，且居中安装，尺寸、数量、规格详见门窗表，所有开启扇均在外侧加纱窗，所有门窗尺寸均为洞口尺寸，定制门窗时，须减去抹灰尺寸。本工程一层外门均为铝合金单框单玻门。固定扇大于1.5 m^2的，应设为安全玻璃，一层外门窗均应做防护。

3. 所有卫生间门下均留30 mm高扫地缝。

4. 门窗选料及玻璃选配详见门窗表。定做门窗必须核对门窗数量及洞口尺寸，确认无误后方可批量加工安装。

五、屋面工程

平屋面：

(1)保护层：C20细石混凝土，内配Φ4@150×150钢筋网片，每≥6 m留20 mm宽缝，缝内填防水油膏。

(2)防水层：两道3 mm厚SBS防水卷材防水层。

(3)保温层：100 mm厚聚苯板(密度≥20 kg/m^3)。

(4)找坡层：1∶8水泥膨胀珍珠岩找坡3%。

(5)隔汽层：氯丁胶乳沥青隔汽层两遍。

(6)找平层：1∶3水泥砂浆，砂浆中掺聚丙烯或锦纶-6纤维0.75～0.9 kg/m^3。

(7)结构层：钢筋混凝土屋面板。

六、防水防潮工程

1. 本工程墙体均做防潮层，设在地梁上皮处，做法为30 mm厚1∶2厚水泥砂浆(内掺5%防水粉)。

2. 室内卫生间地面需做好防水，采用高分子增强复合防水涂料。地面找坡0.1%，坡向地漏。

3. 屋面排水组织见屋顶平面图。外排水雨水斗、雨水管所采用材料，除图中另有注明者外，雨水管的公称直径均为*D*100。

七、外装修与室外工程

1. 外墙：外墙面采用防水外墙涂料，带保温外墙面涂料做法详见05J1—51—外墙26。除特殊标注外，颜色要求提供样板，经建设单位与设计单位认可后方可施工。

2. 外墙外保温做法。

(1)弹外墙涂料。

(2)EC-5聚合物砂浆保护层7 mm厚。

(3)20 mm厚1∶2.5水泥砂浆抹平。

(4)双层双向钢丝网片(与墙拉结，具体由专业施工单位施工)。

(5)60 mm厚聚苯板保温层；30 mm厚保温砂浆。

(6)EC-6型砂浆胶粘剂将聚苯板与墙体粘住。

(7)基层(多孔砌块)。

3．散水做法详见05J1—113—散3，台阶做法详见05J1—116—台6，300 mm厚粗砂防冻胀层。散水每3 m留设20 mm宽的防裂缝，内嵌沥青油膏。

八、建筑消防设计

1．管道穿楼板、隔墙时，应用非燃烧性材料将其周围的缝隙填充密实。

2．其他有关消防措施详见专业施工图。

九、其他

1．两种材料的墙体交接处，应根据饰面材质在做饰面前加钉金属网或在施工中加贴一层宽200 mm的玻璃丝网格布，防止开裂；再在其上抹灰。

2．通风道出屋面做法详见05J5—1—26—1。

3．本设计所标注尺寸单位，标高为米(m)，其余均为毫米(mm)。

4．本工程所有施工程序均应按国家有关施工规范制定，其他未尽事宜由建设单位与设计单位协商确定。

5．本工程所有尺寸、图例以大样为准。

6．预埋木砖及贴邻墙体的木质面均做防腐处理，露明铁件均做防锈处理。

7．所有栏杆应防止儿童攀爬，栏杆的垂直杆件间净距不应大于110 mm。

8．工程质量应符合国家颁发的施工质量验收规范的有关规定，在土建与设备施工中应相互紧密结合，安装设备时不得随意打凿孔洞。

9．本工程所有卫生间地面完成面均低于相应地面标高20 mm。

10．如在冬期施工，应按冬期施工验收规范执行。

11．所有楼、地面构造交接处和地坪高低变化处，除图中另有注明外，均位于齐平门扇开启面处。

室内装修表

房间名称	地面	楼面	墙面	顶棚	踢脚	窗台板
商铺 公寓 办公	1．8～10 mm厚铺地砖楼面自理，干水泥擦缝 2．撒素水泥面 3．10 mm厚1：4干硬性水泥砂浆找平层 4．沥青防潮层 5．100 mm厚C15混凝土(含地热管) 6．卵石垫层 7．素土夯实	1．8～10 mm厚铺地砖楼面自理，干水泥擦缝 2．撒素水泥面(洒适量清水) 3．20 mm厚1：4干硬性水泥砂浆结合层 4．60 mm厚细石混凝土垫层(含地热管) 5．30 mm厚聚苯板保温层(上铺钢筋)	内墙： 1．9 mm厚1：1：6水泥砂石灰砂浆 2．6 mm厚1：0.5：3水泥石灰砂浆 3．满刮腻子两遍成活	1．钢筋混凝土板底清理干净 2．7 mm厚1：1：4水泥石灰砂浆 3．5 mm厚1：5：3水泥石灰砂浆 4．满刮腻子两遍成活	1．17 mm厚1：3水泥砂浆 2．3～4 mm厚1：1水泥砂浆 3．8～10 mm厚面砖，水泥浆擦缝	20 mm厚1：2.5水泥砂浆抹灰，与墙平
储藏室	1．8～10 mm厚铺地砖楼面自理，干水泥擦缝 2．撒素水泥面 3．20 mm厚1：4干硬性水泥砂浆找平层 4．沥青防潮层 5．100 mm厚C15混凝土 6．卵石垫层 7．素土夯实	—	1．18 mm厚1：3：9水泥石灰砂浆，分两组抹灰 2．麻刀石灰面 3．满刮腻子两遍成活	1．钢筋混凝土板底清理干净 2．7 mm厚1：1：4水泥石灰砂浆 3．5 mm厚1：5：3水泥石灰砂浆 4．满刮腻子两遍成活	1．17 mm厚1：3水泥砂浆 2．3～4 mm厚1：1水泥砂浆 3．8～10 mm厚面砖，水泥浆擦缝	20 mm厚1：2.5水泥砂浆抹灰，与墙平
卫生间	1．8～10 mm厚铺地砖楼面自理，干水泥擦缝 2．20 mm厚1：3干性水泥砂浆结合层(内掺建筑胶) 3．1.5 mm聚氨酯防水涂料，四周翻起150 mm 4．沥青防潮层 5．80 mm厚C15混凝土 6．卵石垫层 7．素土夯实	1．8～10 mm厚铺地砖楼面自理，干水泥擦缝 2．撒素水泥面(洒适量清水) 3．20 mm厚1：4干硬性水泥砂浆结合层 4．60 mm厚细石混凝土垫层(含地热管) 5．30 mm厚聚苯板保温层(上铺钢筋)	1．15 mm厚1：3水泥砂浆 2．刷素水泥浆一遍 3．3～4 mm厚1：1水泥砂浆 4．3～4 mm厚釉面砖，白水泥浆擦缝	1．钢筋混凝土板底清理干净 2．7 mm厚1：1：4水泥石灰砂浆 3．5 mm厚1：5：3水泥石灰砂浆 4．满刮腻子两遍成活	—	白色釉面砖

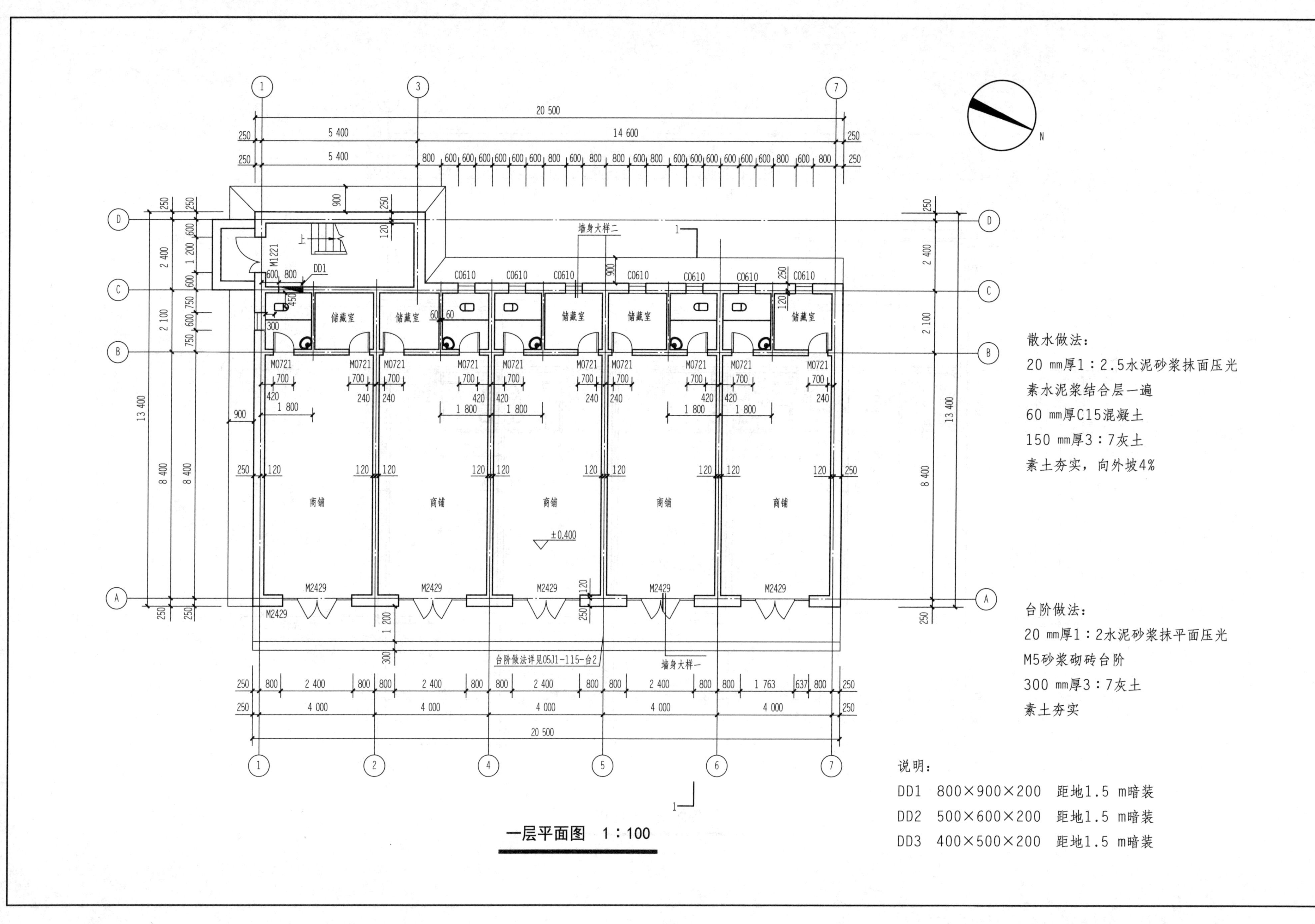
N
墙身大样二
储藏室
商铺
±0.400
M1221
DD1
C0610
M0721
M2429
台阶做法详见05J1-115-台2
墙身大样一
散水做法：
20 mm厚1：2.5水泥砂浆抹面压光
素水泥浆结合层一遍
60 mm厚C15混凝土
150 mm厚3：7灰土
素土夯实，向外坡4%
台阶做法：
20 mm厚1：2水泥砂浆抹平面压光
M5砂浆砌砖台阶
300 mm厚3：7灰土
素土夯实
说明：
DD1 800×900×200 距地1.5 m暗装
DD2 500×600×200 距地1.5 m暗装
DD3 400×500×200 距地1.5 m暗装

一层平面图 1：100

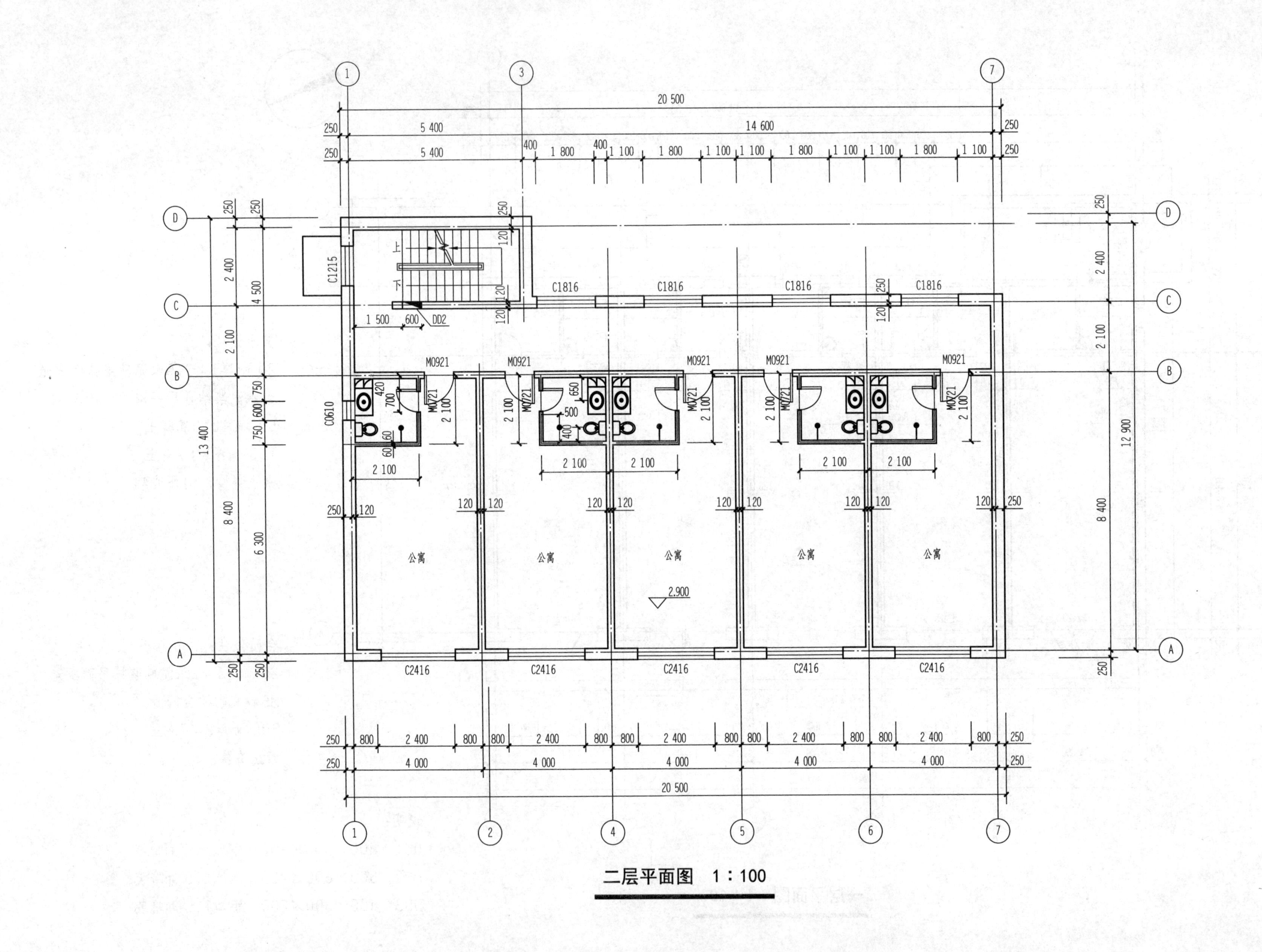

二层平面图　1：100

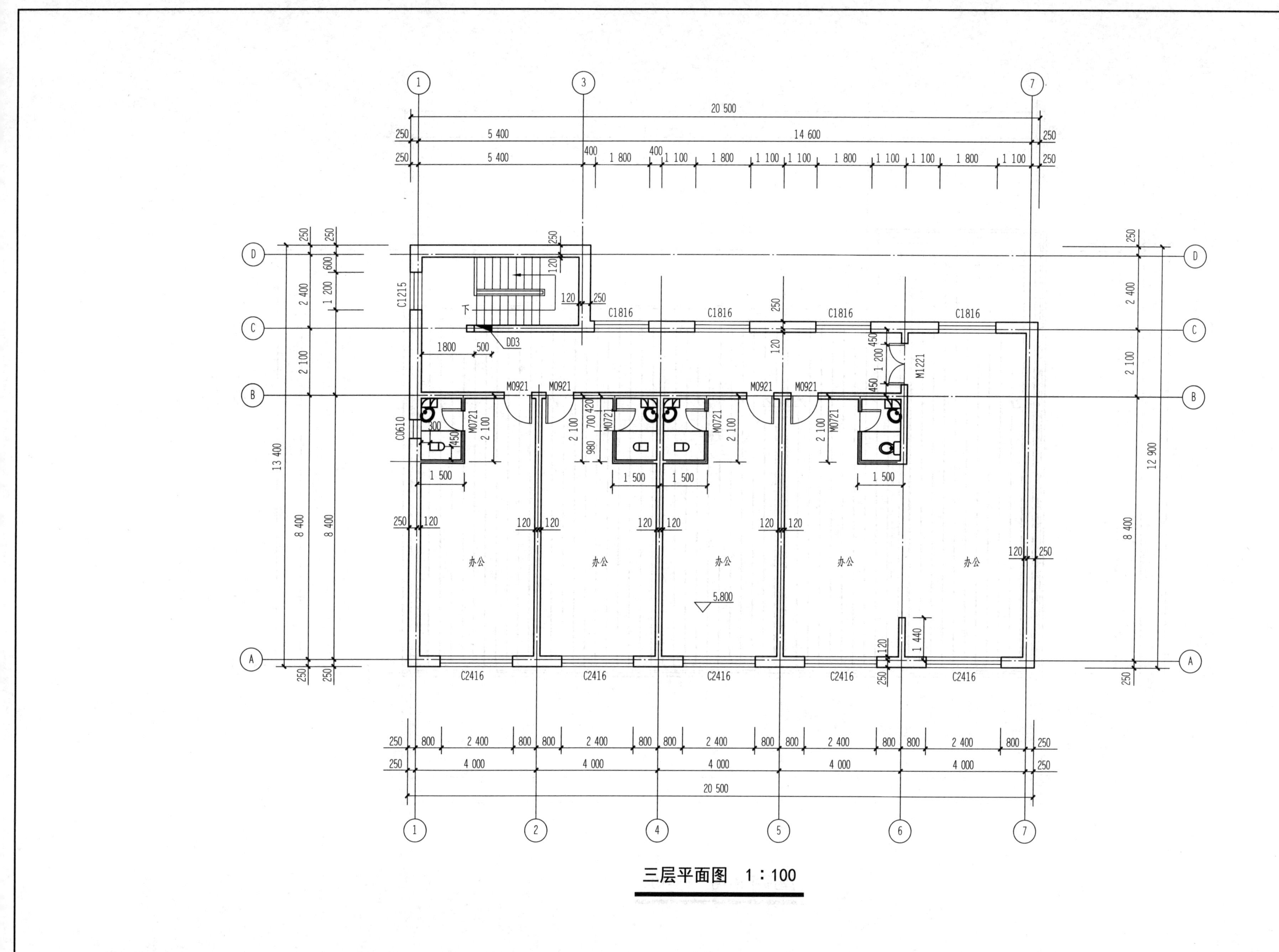
办公
办公
办公
办公
办公
C2416
C1816
M0921
M0721
M1221
C1215
C0610
DD3
5.800
20 500
14 600
5 400
13 400
12 900
8 400

三层平面图　1：100

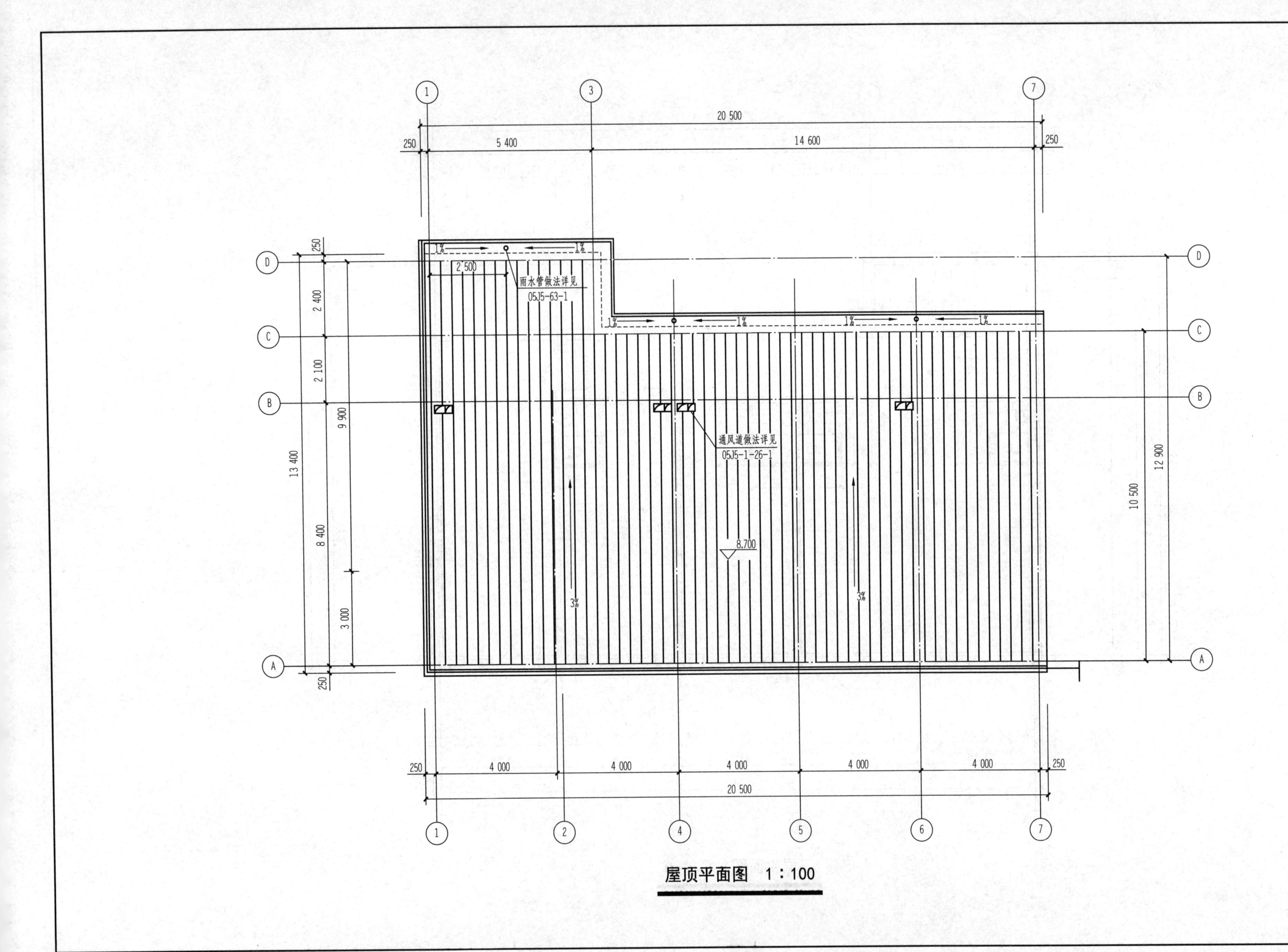
20 500
250
5 400
14 600
250
1%
1%
2 500
雨水管做法详见
05J5-63-1
通风道做法详见
05J5-1-26-1
8.700
3%
3%
2 400
2 100
9 900
13 400
8 400
3 000
250
10 500
12 900
4 000
4 000
4 000
4 000
4 000
20 500

屋顶平面图　1：100

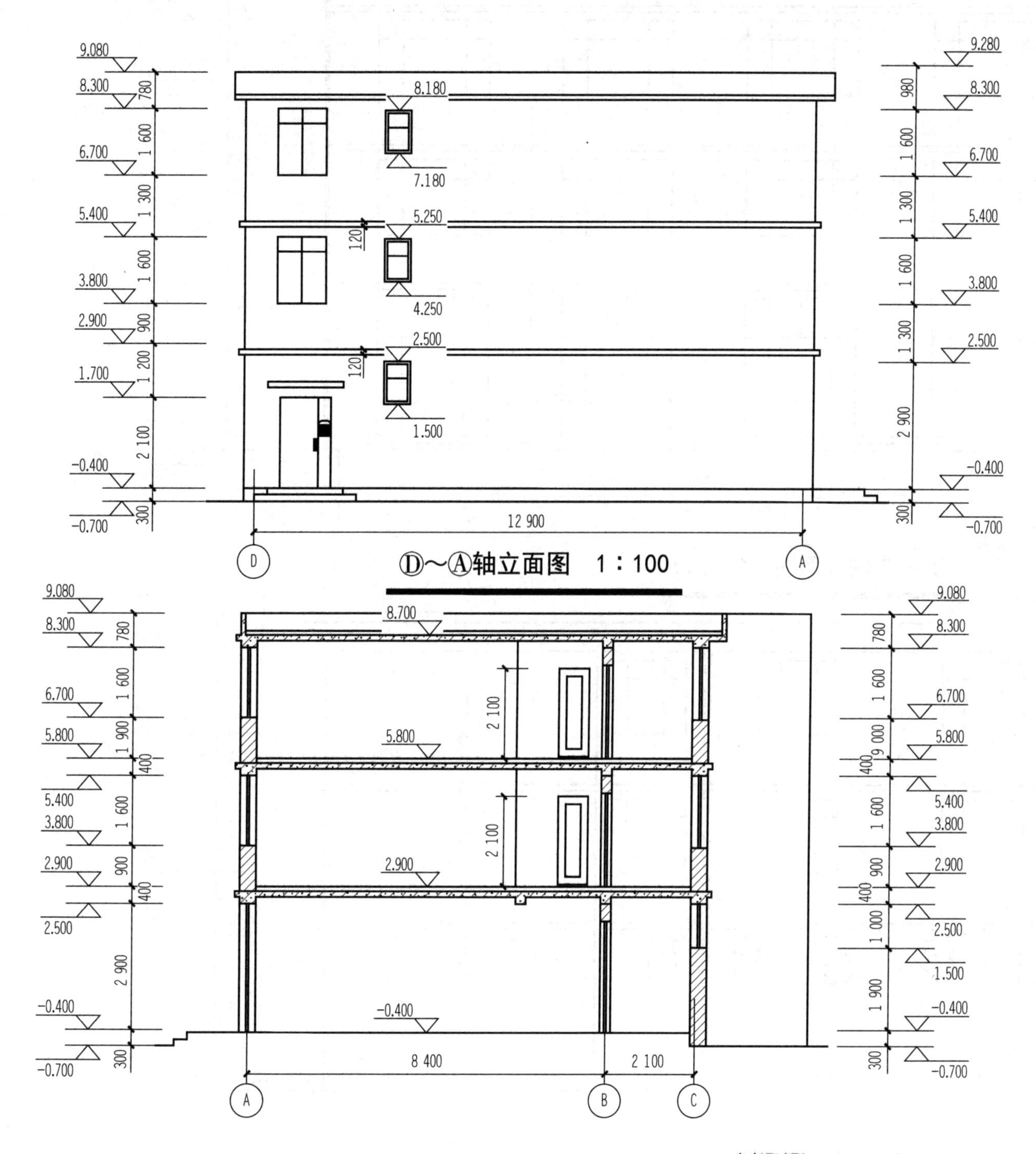

Ⓓ～Ⓐ轴立面图 1：100

1—1剖面图 1：100

门窗大样

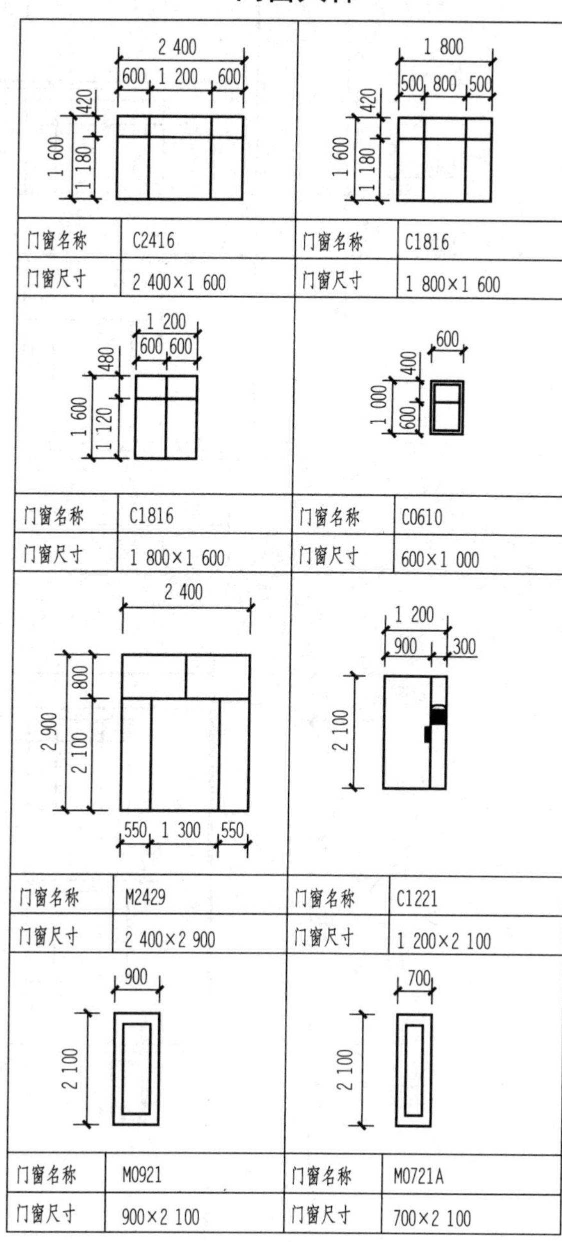

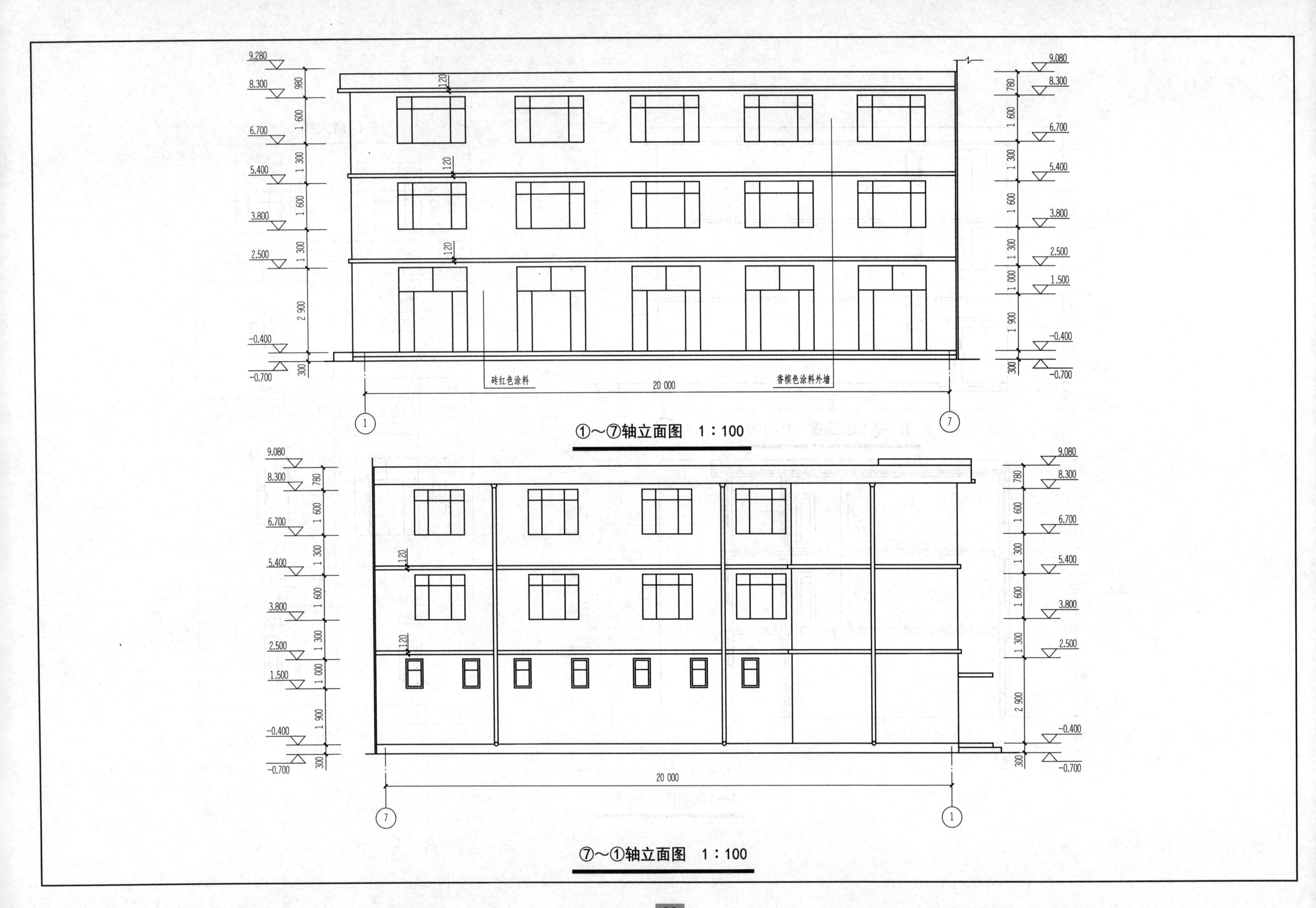

①～⑦轴立面图　1：100

⑦～①轴立面图　1：100

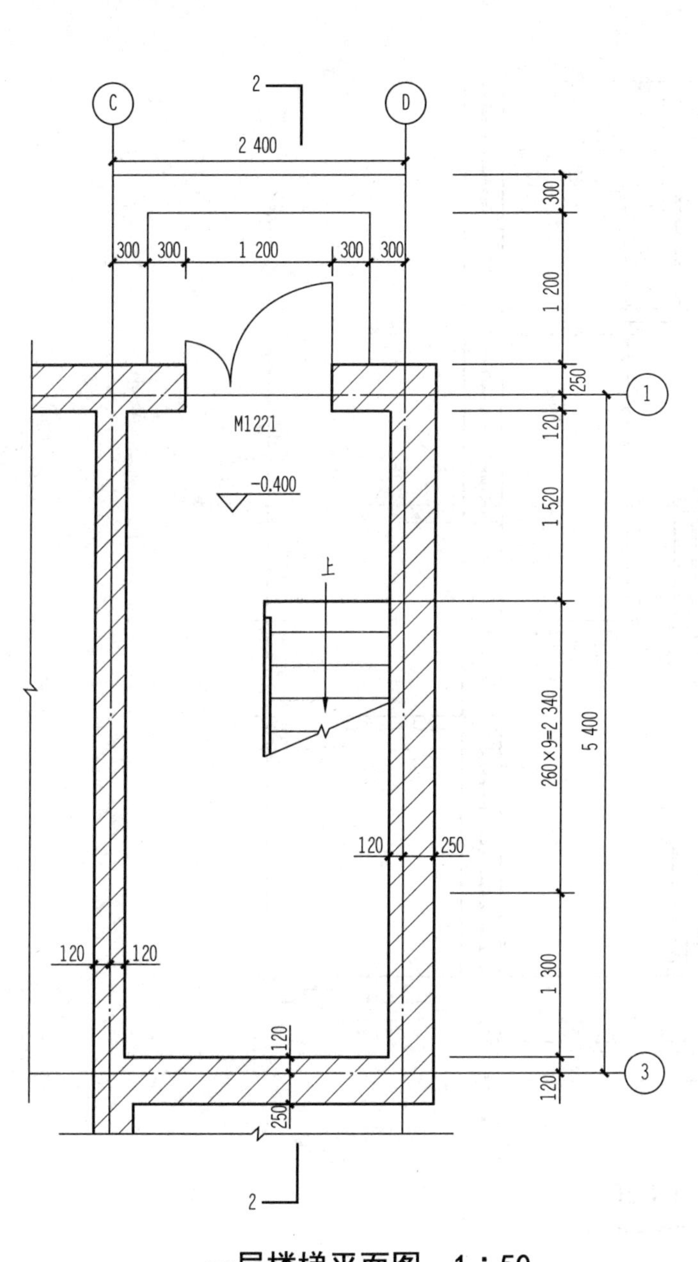

一层楼梯平面图　1：50

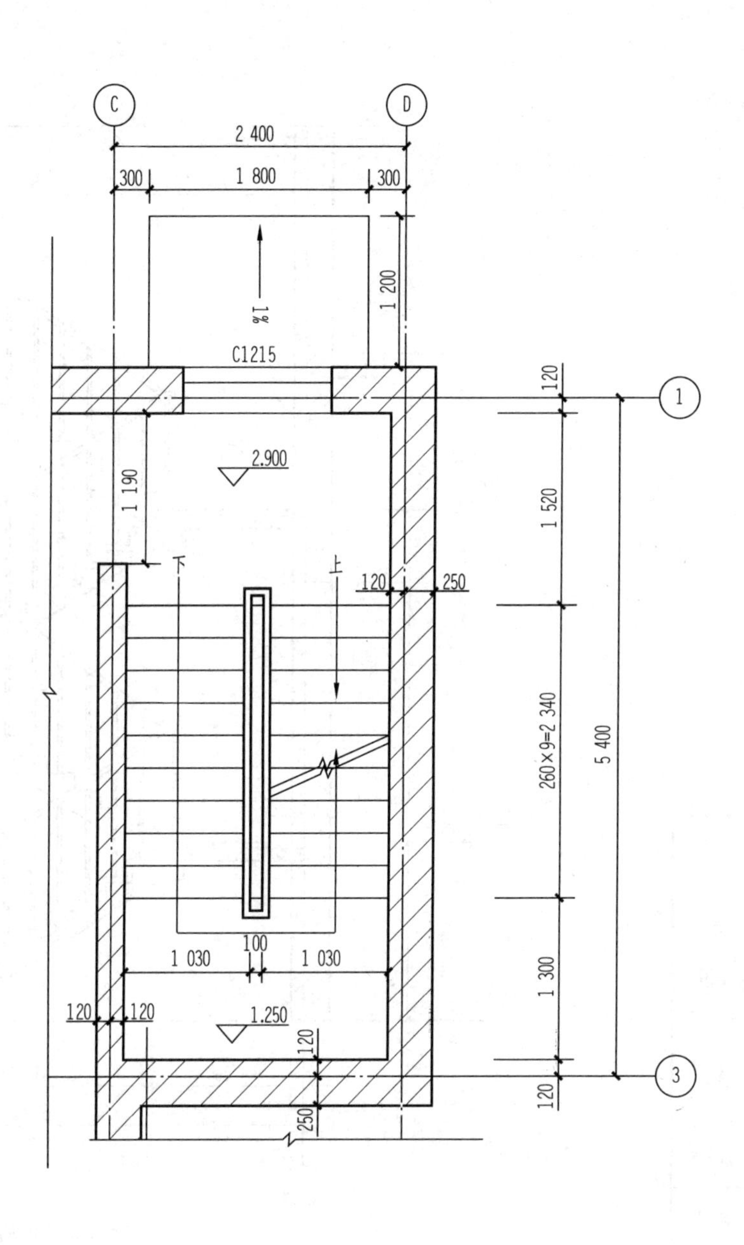

二层楼梯平面图　1：50

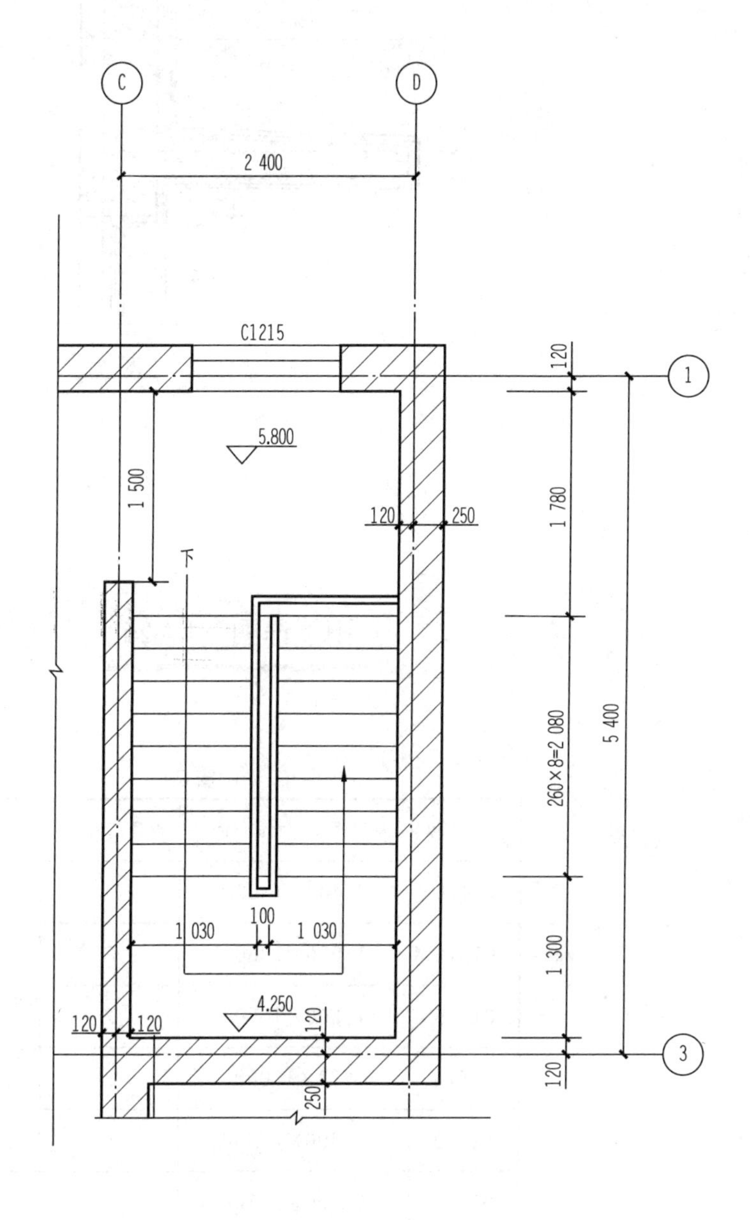

三层楼梯平面图　1：50

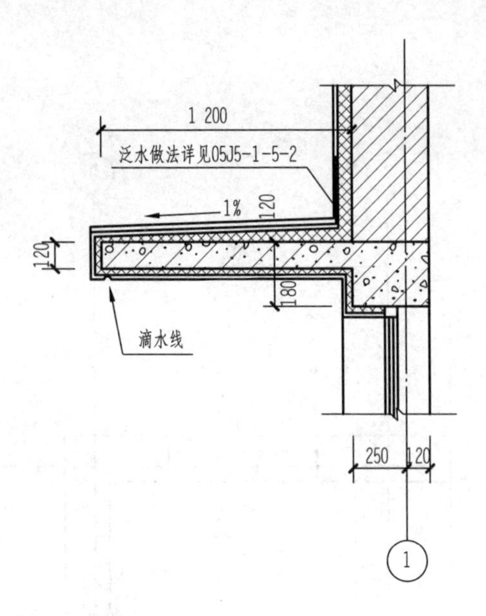

雨篷详图 1∶25

门窗表

门窗名称	洞口尺寸/(mm×mm)	数量门窗/樘	备注
C2416	2 400×1 600	10	塑钢平开窗 单框双玻中空
C1816	1 800×1 600	8	
C1215	1 200×1 500	2	
C0610	600×1 000	10	
M2429	2 400×2 900	5	大玻璃门联窗
M1221	1 200×2 100	1	单元防盗门
M0921	900×2 100	9	装饰木门
M0721	700×2 100	19	卫生间木门

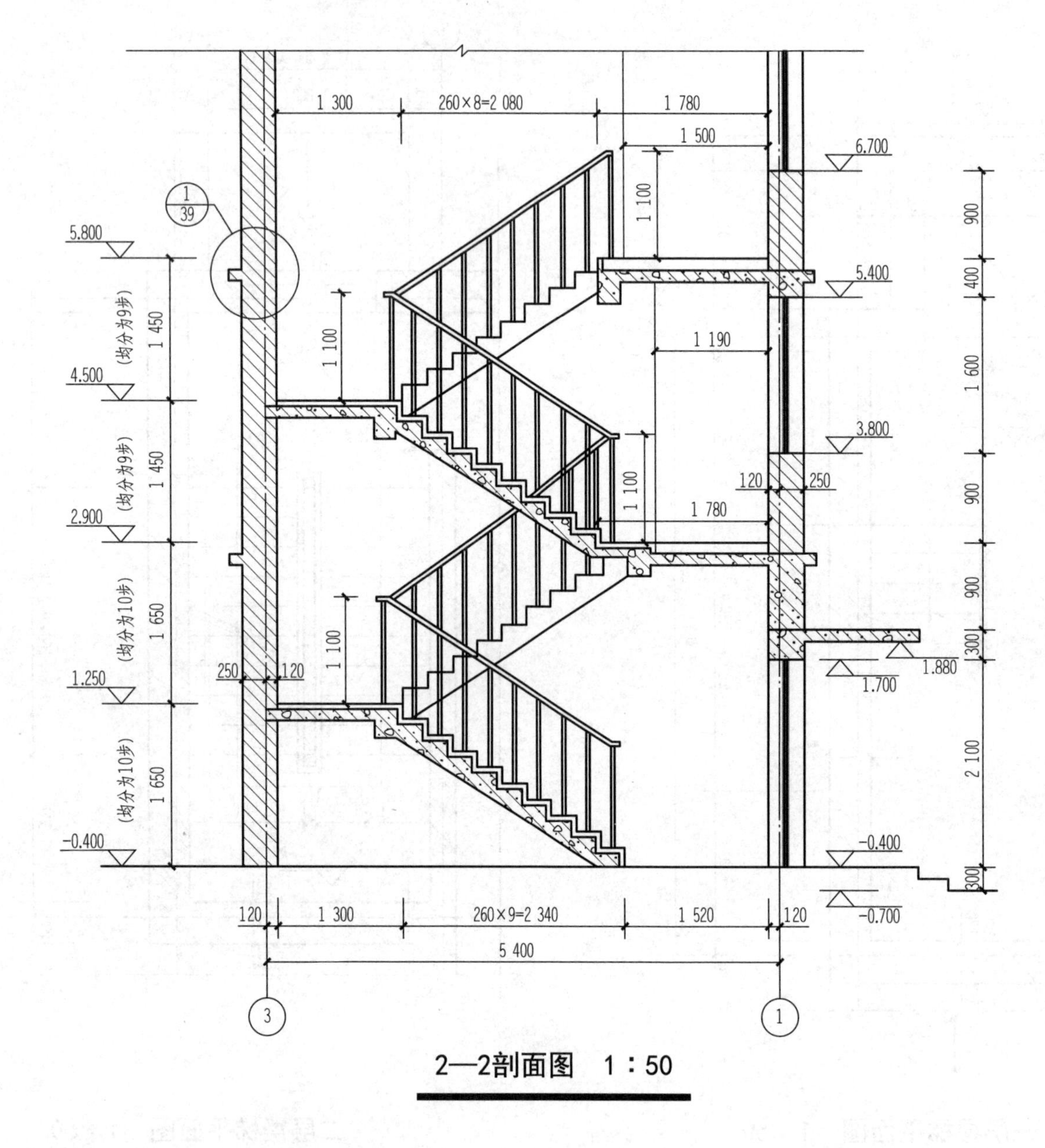

2—2剖面图 1∶50

注：

楼梯踏面做法详见05J8—82—10

楼梯栏杆扶手做法详见05J8—100—1(栏杆水平高度1 100 mm)

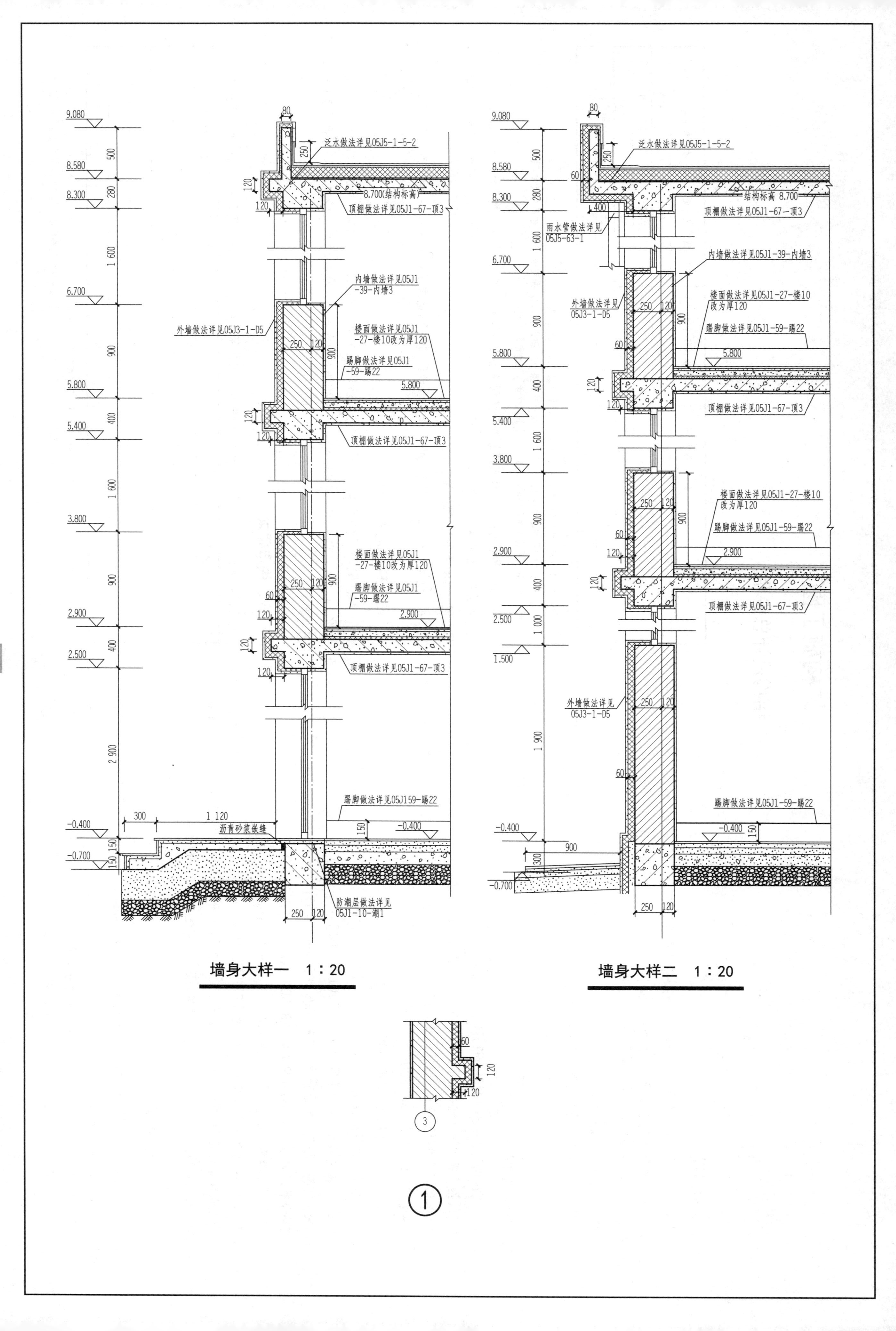

墙身大样一 1：20

墙身大样二 1：20

①

结构施工图

结构设计总说明

一、工程概况

1．本工程主体为三层砌体结构商业楼，合理使用期限为50年。

2．本工程抗震设防烈度为8度(加速度0.20g)，地震设计分组为第一组，抗震设防类别为二类，建筑结构安全等级为二级，施工质量控制等级为B级。

3．本工程混凝土环境类别：室内部分为一类，室外部分及地下部分为二类(b)。

4．建筑物应按图中注明的使用功能使用，未经原设计单位鉴定或许可，不得改变结构的用途和使用环境。

二、设计依据

1．本工程按以下规范或规程进行设计。

《建筑结构可靠度设计统一标准》(GB 50068—2018)；

《建筑结构荷载规范》(GB 50009—2012)；

《砌体结构设计规范》(GB 50003—2011)；

《建筑地基基础设计规范》(GB 50007—2011)；

《混凝土结构设计规范(2015年版)》(GB 50010—2010)；

《建筑抗震设计规范(2016年版)》(GB 50011—2010)；

《混凝土结构工程施工质量验收规范》(GB 50204—2015)；

《砌体结构工程施工质量验收规范》(GB 50203—2011)；

《建筑地基工程施工质量验收标准》(GB 50202—2018)。

2．结构抗震验算采用中国建筑科学研究院PKPM软件(版本：2008.3)。

3．使用荷载标准值：楼面均布活荷载：2.00 kN/m^2；浴室厨房、盥洗室均布活荷载：2.00 kN/m^2；走廊及楼梯均布活荷载：2.50 kN/m^2；不上人的屋面均布活荷载：0.50 kN/m^2。

三、材料选用及要求

1．混凝土：直接处于露天环境中的现浇混凝土阳台板、雨篷板、女儿墙等混凝土构件均采用C25，其余现浇混凝土构件均采用C20。

2．设计使用年限为50年的结构混凝土耐久性基本要求：

环境等级	最大水胶比	最低强度等级	最大氯离子含量/%	最大碱含量/(kg·m^{-3})
一	0.60	C20	0.30	不限制
二a	0.55	C25	0.20	0.30
二b	0.50(0.55)	C30(C25)	0.15	0.30
三a	0.45(0.50)	C35(C30)	0.15	0.30
三b	0.40	C40	0.10	0.30

注：1．氯离子含量是指其占胶凝材料总量的百分比；

2．素混凝土构件的水胶比及最低强度等级的要求可适当放松；

3．处于严寒和寒冷地区二b、三a类环境中的混凝土应使用引气剂，并可采用括号中的有关参数；

4．当使用非碱性骨料时，对混凝土中的碱含量可不作限制。

3．钢筋和型材：梁、柱钢筋的选用必须符合现行国家标准《混凝土结构设计规范(2015年版)》及其他相关规范的要求。其中：Φ—HPB300：f_y=270 N/mm^2；Φ—HRB335：f_y=300 N/mm^2，钢筋强度标准值应具有不小于95%的保证率。

4．砌体：一～三层砖墙采用M7.5混合砂浆砌MU10烧结多孔砖(P)，孔洞率不大于30%。

四、构件选用

过梁(GL)：钢筋混凝土过梁(02G—05)；图中所有未标注门窗洞口(l≥300 mm)过梁选用：内墙KGLA24××3，外墙KGLB37××3，120墙与配电箱洞口过梁为KGLA12××1，宽同墙宽(××—洞口宽度)

五、构造要求

1．构件(不包括圈梁及构造柱)纵向受力钢筋保护层按以下要求设置，且不应小于主筋直筋。

环境等级	板、墙、壳/mm	梁、柱、杆/mm
一	15	20
二a	20	25
二b	25	35
三a	30	40
三b	40	50

注：1．混凝土强度等级不大于C25时，表中保护层厚度值应增加5 mm；

2．钢筋混凝土基础宜设置混凝土垫层，基础中钢筋的混凝土保护层厚度应从垫层顶面算起，且不应小于40 mm。

2. 钢筋锚固：

纵向受拉钢筋的基本锚固长度$l_{ab}=\alpha(f_y/f_t)d$，详见下表。

钢筋种类	混凝土强度等级						
	C20	C25	C30	C35	C40	C45	C50
HPB300	39d	34d	30d	28d	25d	24d	23d
HRB335	38d	33d	29d	27d	25d	23d	22d

纵向受拉钢筋锚固长度$l_a=\zeta_a l_{ab}$，注意：l_a不应小于200 mm，锚固长度修正系数ζ_a按下表取用，当多于一项时，按连乘计算，但不应小于0.6。

锚固条件		ζ_a	
带肋钢筋的公称直径大于25 mm		1.10	
环氧树脂涂层带肋钢筋		1.25	
施工过程中易受扰动的钢筋		1.10	
锚固区保护层厚度	3d	0.80	注：中间时按内插值。d为锚固钢筋直径。
	5d	0.70	

3. 纵向受拉钢筋搭接：

热轧钢筋纵向受拉钢筋绑扎搭接长度应根据位于同一连接区段内的钢筋搭接接头面积百分率按下列公式计算：

纵向受拉钢筋搭接长度$l_l=\zeta_l l_a$

纵向受拉钢筋搭接长度修正系数ζ_l按下表取用，当纵向搭接钢筋接头面积百分率为下表的中间值时，修正系数可按内插取值。

纵向搭接钢筋接头面积百分率/%	≤25	50	100
ζ_l	1.2	1.4	1.6

在任何情况下，纵向受拉钢筋绑扎搭接接头的搭接长度均不应小于300 mm。

4. 钢筋混凝土构造柱抗震节点按03G363中有关节点大样进行施工。

5. 顶层楼梯间的横墙和外墙沿1/2墙高处设60 mm厚C20混凝土板带，内配3Φ6/Φ6@200钢筋网片。

6. 所有外露混凝土挑檐、女儿墙每小于等于12 m，留30 mm缝，钢筋不断，混凝土断。

7. 预制构件遇现浇改为现浇，配筋不变。

8. 图中梁、板(短跨方向)大于等于4 m时，宜按0.2%起拱，悬挑构件按悬挑长度的0.3%起拱。

9. 与构造柱相加的小于180 mm的墙垛改为素混凝土，与构造柱同时浇注。

10. 小于300 mm的砖垛不能作为过梁、梁的支座，过梁洞口宽度=2洞口宽之和+(<300 mm砖垛)。

11. 构造柱净距小于2 500 mm的墙体拉结钢筋贯通。

12. 为防止或减轻房屋墙体的裂缝，应采取以下措施：

(1)屋面保温(隔热)层或屋面刚性面层及砂浆找平层应设置分隔缝，分隔缝间距不宜大于6 m，并与女儿墙隔开，其缝宽不小于30 mm。

(2)底层及顶层外纵墙窗台处：窗台标高处通设60 mm厚C20混凝土板带，内配3Φ6纵筋、Φ6@200横筋网片。

13. QL钢筋与梁纵筋搭接，搭接长度为300 mm。

14. 梁垫配筋为4Φ12，箍筋Φ6@200。

六、施工须知

1. 图纸需经会审后方可正式开工。

2. 地基开槽后，需由勘察人员及设计人员共同验槽后方可进行下一步施工。

3. 现浇板预留洞需与水暖配合，洞口尺寸小于300 mm时，可不配置附加钢筋，使受力钢筋绕过孔洞，不得切断，大于300 mm的孔洞且本图未留者，参照下图加筋。

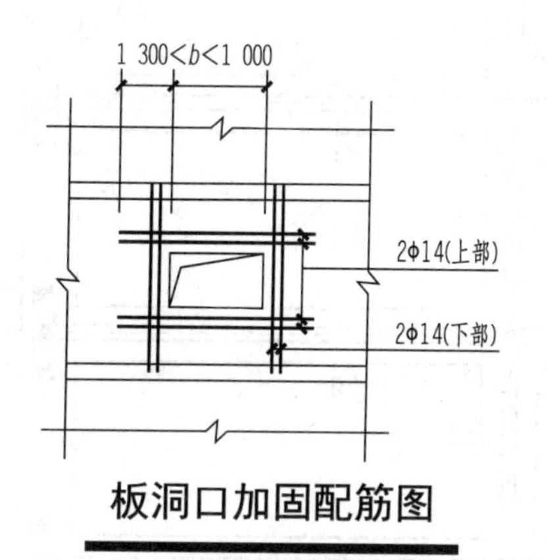

板洞口加固配筋图

4. 所有现浇板上的垫层和面层厚度必须控制在设计允许值以内，如某些部位实际施工确有困难，必须预先向设计单位提出，未经许可，不得在实际施工中增加厚度。

5. 本工程进入冬期施工时，必须严格按冬期施工的有关(现行)规范或规程进行施工，且应采取有效措施，保证混凝土强度符合要求。

6. 除总说明外，其他各单项补充说明均需对照执行，且应遵循各有关施工规范的具体规定。

7. 图纸需通过施工图审查后方可施工。

图纸目录

序号	图号	图纸名称	图幅
1	结施01	结构设计总说明	A2
2	结施02	基础平面布置图	A2
3	结施03	一、二层结构平面图	A2
4	结施04	顶层结构平面图	A2
5	结施05	楼梯结构图	A2

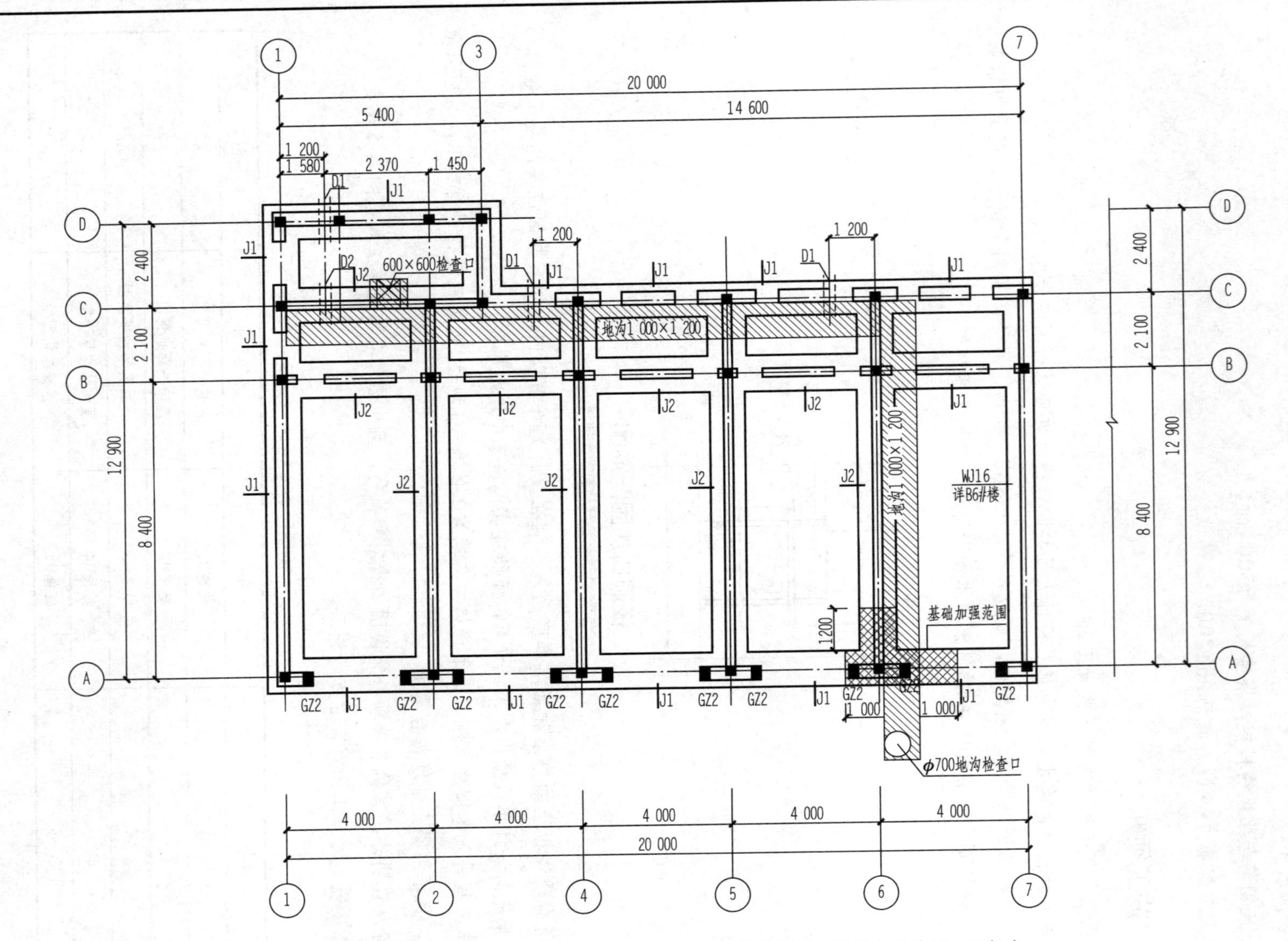

基础设计说明

1. 根据岩土工程公司提供的岩土工程勘察报告，持力层为第一层砾砂层，地基承载力特征值f_{ak}=220 kPa，基础设计等级为丙级。土壤类别二类。

2. 施工时严格按《建筑地基处理技术规范》(JGJ 79—2012)及相关规范施工。

3. 基础开挖后，需做普遍钎探工作，认真做好钎探试验及记录，经勘察、设计单位验槽后，方可进行下一步施工。

4. 基础砌体采用：M5水泥砂浆砌筑，MU30片石，未注明的构造柱均采用GZ1。

5. 入土部分砖墙：采用1∶3水泥防水砂浆抹面20 mm厚，双面抹灰。

6. 所有地沟构件选用《管沟及盖板》(02G04)图集。

地梁过地沟处梁底加2Φ18，长度=500 mm+洞宽+500 mm，箍筋Φ6@150。

地沟盖板上有120墙时，沟盖板选用室外盖板，主沟1 000 mm宽。

(1)管沟选用：

①室内靠墙地沟(沟高≤1 400 mm)，侧墙为一侧120墙，一侧370墙。

②室内靠墙地沟(沟高>1 400 mm)及室内不靠墙地沟：双370墙。

③底板C10混凝土改为C15混凝土。

(2)室内盖板选用：沟宽1 000 mm，室内盖板为：GB—10。

(3)室外盖板选用：沟宽1 000 mm，室外盖板为：GB—24。

(4)检查井盖板选用：沟宽1 200 mm，检查井盖板为：JB—2 Ⅰ—Ⅱ。

(5)转角过梁选用：沟宽1 200 mm，过梁为：ZLh—1。

(6)地沟上遇120墙时(沟与120墙垂直)，另加一根地沟过梁。

(7)禁止将设备压于地沟盖板上。

(8)地沟入口做法见02G04图集42页2大样，入室内水平段尺寸=1 200 mm(从地圈梁边算起)。

地沟入口处顶标高=室外地坪−500 mm

7. 图中预留排水洞

D1：300 mm×400 mm(洞中心标高−1.400 mm)外墙单管道预留洞；

D2：300 mm×400 mm(管道1.0%坡度)内墙单管道预留洞。

8. 煤气入户选用《呼和浩特市煤气管道入户基础预留洞统一做法》。

地梁上哑口大于2 400 mm时，地梁上皮另加2Φ20，钢筋长度=500 mm+洞宽+500 mm。

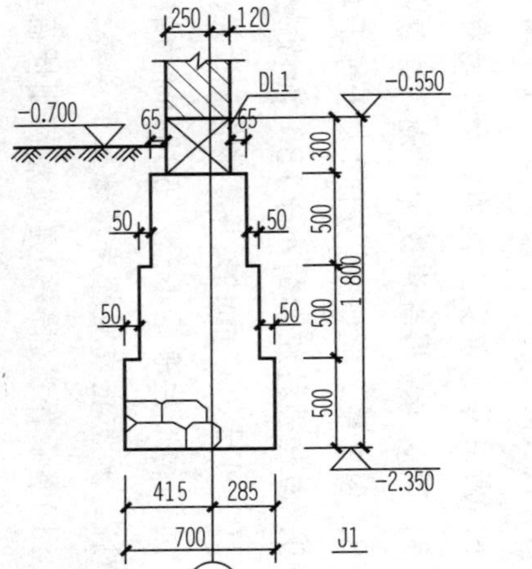

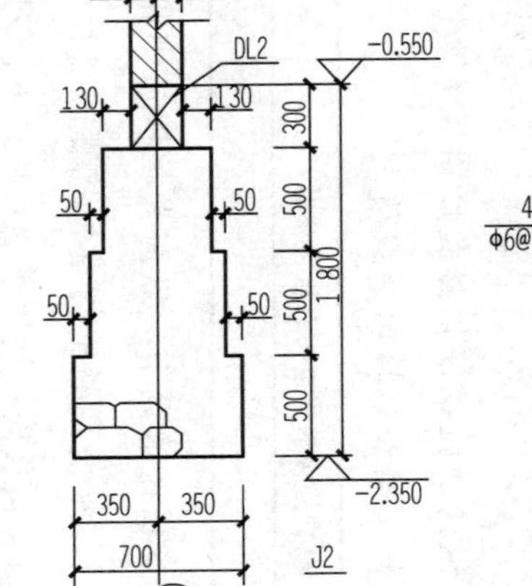

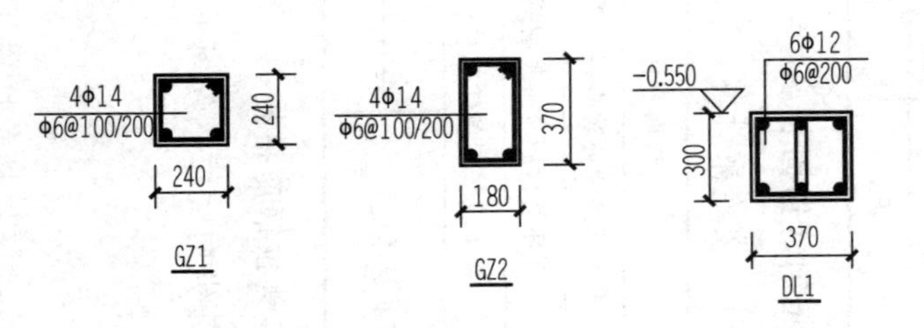

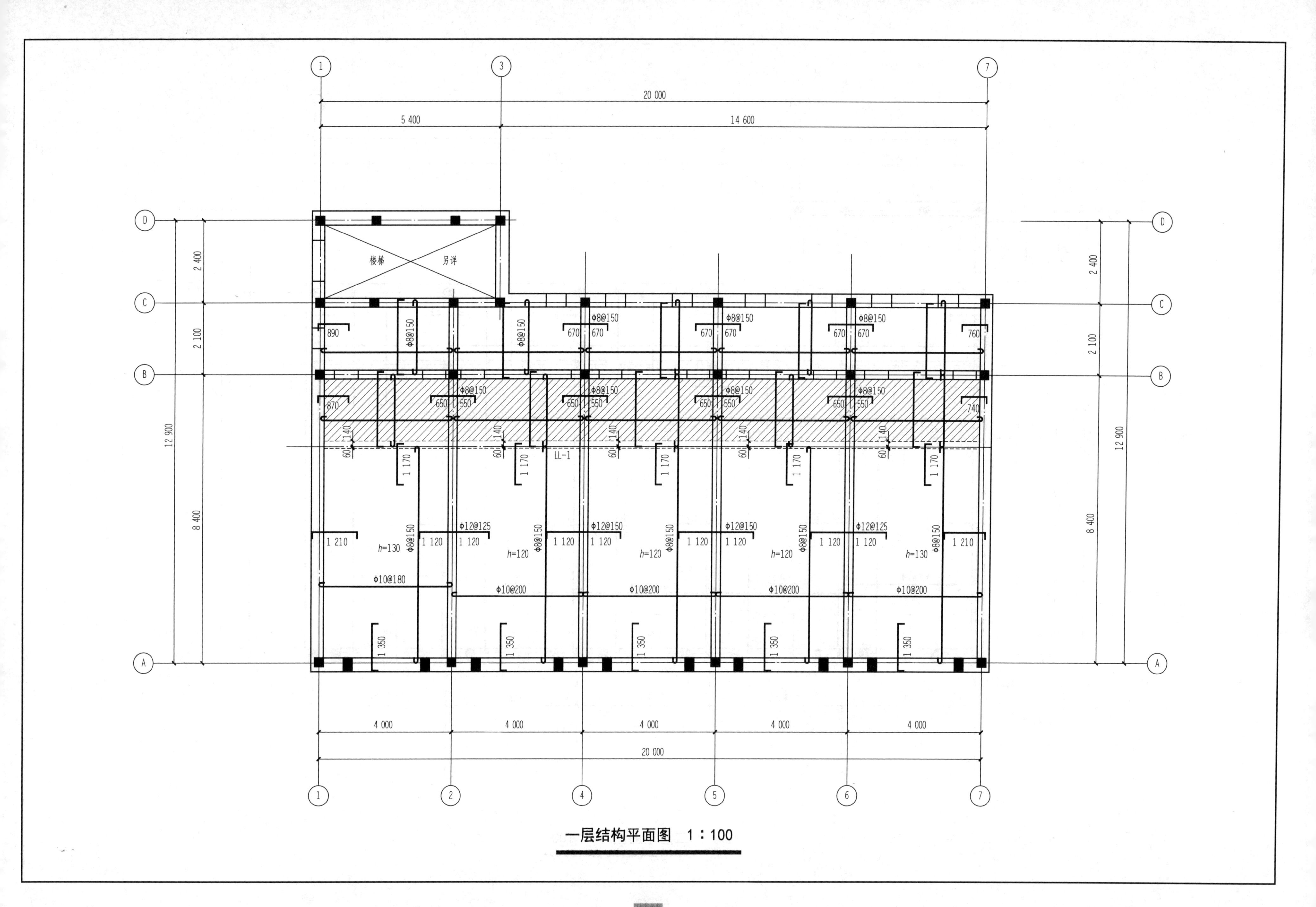

一层结构平面图　1：100

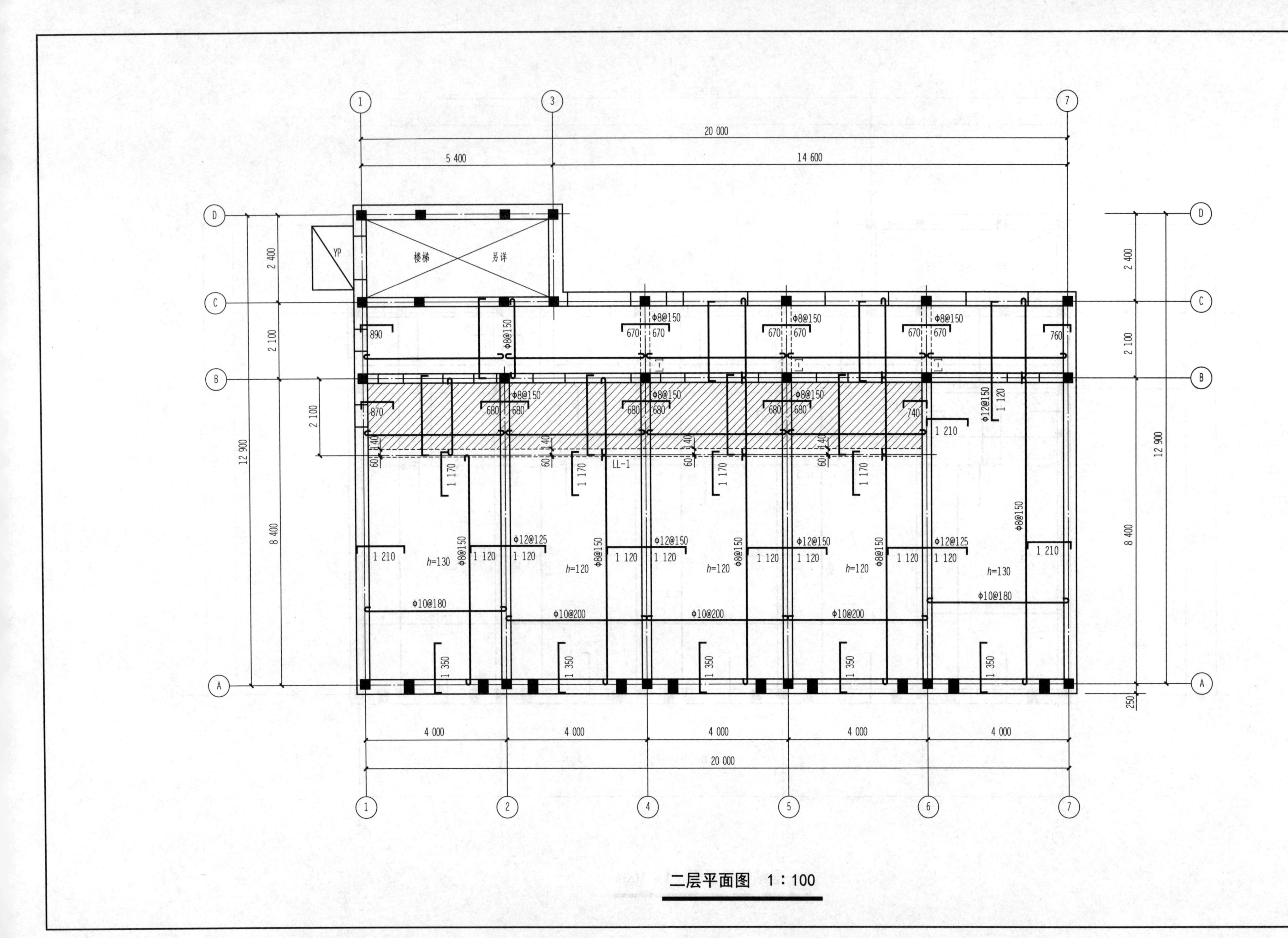

二层平面图　1：100

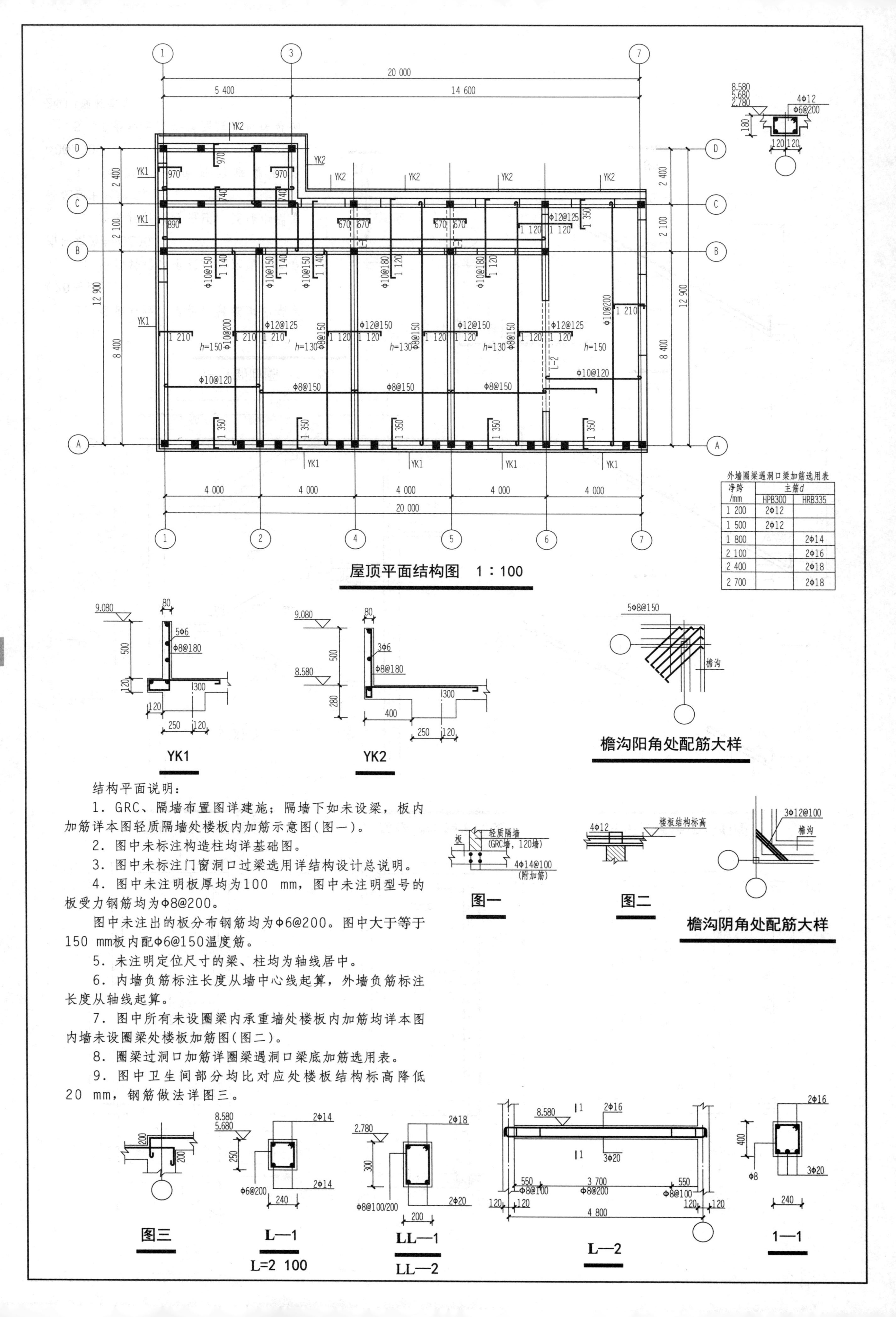

外墙圈梁遇洞口梁加筋选用表

净跨/mm	主筋d HPB300	主筋d HRB335
1 200	2Φ12	
1 500	2Φ12	
1 800		2Φ14
2 100		2Φ16
2 400		2Φ18
2 700		2Φ18

结构平面说明：

1. GRC、隔墙布置图详建施；隔墙下如未设梁，板内加筋详本图轻质隔墙处楼板内加筋示意图(图一)。

2. 图中未标注构造柱均详基础图。

3. 图中未标注门窗洞口过梁选用详结构设计总说明。

4. 图中未注明板厚均为100 mm，图中未注明型号的板受力钢筋均为Φ8@200。

图中未注出的板分布钢筋均为Φ6@200。图中大于等于150 mm板内配Φ6@150温度筋。

5. 未注明定位尺寸的梁、柱均为轴线居中。

6. 内墙负筋标注长度从墙中心线起算，外墙负筋标注长度从轴线起算。

7. 图中所有未设圈梁内承重墙处楼板内加筋均详本图内墙未设圈梁处楼板加筋图(图二)。

8. 圈梁过洞口加筋详圈梁遇洞口梁底加筋选用表。

9. 图中卫生间部分均比对应处楼板结构标高降低20 mm，钢筋做法详图三。

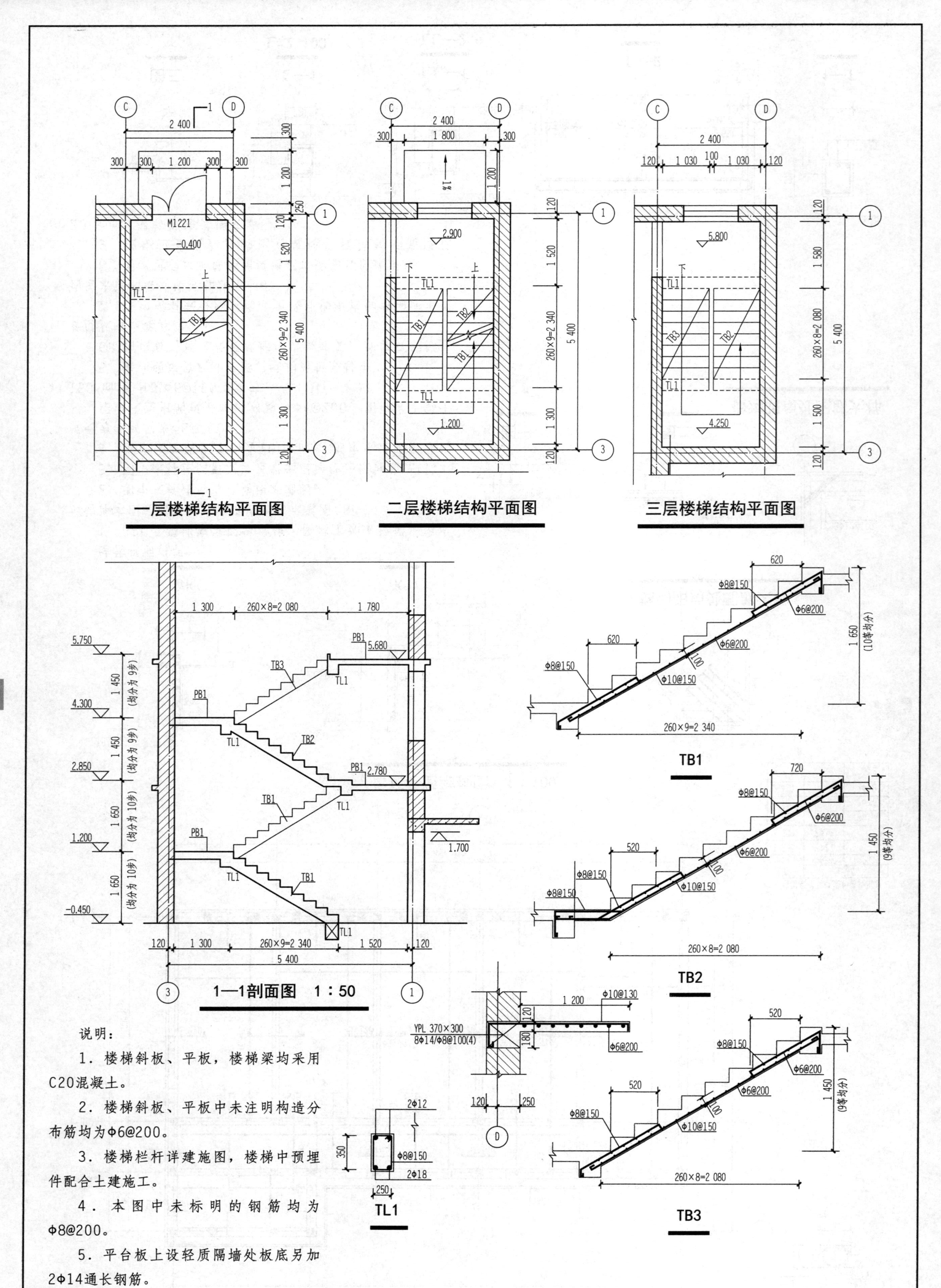

说明：

1．楼梯斜板、平板，楼梯梁均采用C20混凝土。

2．楼梯斜板、平板中未注明构造分布筋均为Φ6@200。

3．楼梯栏杆详建施图，楼梯中预埋件配合土建施工。

4．本图中未标明的钢筋均为Φ8@200。

5．平台板上设轻质隔墙处板底另加2Φ14通长钢筋。

附　录　实例计算过程

第二部分　三线一面计算实例

$L_{外}=(29.9+13.1)\times2=86(m)$

$L_{中}=[(29.9-0.37)+(13.1-0.37)]\times2=84.52(m)$

$L_{内}$=②/Ⓒ～Ⓓ：5.4－0.24＝5.16(m)

Ⓒ～Ⓓ/③、④、⑤、⑥、⑦：5.16(m)

Ⓐ～Ⓑ/②、③、④、⑤、⑥、⑦：5.16 m

Ⓒ/①～④：4.2×3＝12.6(m)

Ⓒ/⑤～⑧：12.6 m

Ⓑ/①～④：12.6 m

Ⓑ/⑤～⑧：12.6 m

门厅处：4.2－0.24＝3.96(m)

$L_{内}=5.16\times12+12.6\times4+3.96=116.28(m)$

$S_{底}=29.9\times13.1=391.69(m^2)$

第三部分　建筑面积计算实例

建筑面积计算

$S_1=36.5\times14.3=521.95(m^2)$

$S_2=0.9\times3\times2+(2.7-0.5)\times1.8\times2+(6-0.5)\times0.9=18.27(m^2)$

$S_3=1.2\times3\times2+(6-0.5)\times1.2=13.8(m^2)$

$S=S_1-S_2-S_3=489.88(m^2)$

第四部分　基础工程工程量计算实例

工程量计算过程

一、基槽土方开挖工程量

本工程土壤类别为二类土，土方开挖采用机械坑上作业，设计室外地坪-0.45 m，工作面宽度＝250 mm，放坡系数K=0.5，挖土深度$H=2.05-0.45=1.6(m)$

外墙下基础基槽土方工程量：

$V_{1-1}=(a+2c+KH)\times H\times L$

$=(1.1+2\times0.25+0.5\times1.6)\times1.6\times(13.1-0.185\times2)\times2$

$=97.76(m^3)$

$V_{3-3}=(a+2c+KH)\times H\times L$

$=(1+2\times0.25+0.5\times1.6)\times1.6\times(29.9-0.185\times2)\times2$

$=217.34(m^3)$

内墙下基础基槽土方工程量：

$V_{4-4}=(a+2c+KH)\times H\times L$

$=(1+2\times0.25+0.5\times1.6)\times1.6\times(29.4-0.485\times2)\times2$

$=209.24(m^3)$

$V_{2-2}=(a+2c+KH)\times H\times L$

$=(1.3+2\times0.25+0.5\times1.6)\times1.6\times(5.4-0.435-0.5)\times12$

$=222.89(m^3)$

$V_{2-2}=(a+2c+KH)\times H\times L$

$=(1.3+2\times0.25+0.5\times1.6)\times1.6\times(1.8-0.5\times2)\times2$

$=6.66(m^3)$

挖基槽土方量$V=97.76+217.34+209.24+222.89+6.66=753.89(m^3)$

二、基坑土方开挖工程量

基坑开挖采用人工开挖，工作面宽度400 mm，放坡系数0.5，挖土深度$H=2.05-0.45+0.1=1.7(m)$

$V_{J-1}=(a+2c+KH)\times(b+2c+KH)\times H+1/3\times K^2\times H^3$

$=(1.5+2\times0.4+0.5\times1.7)\times(1.5+2\times0.4+0.5\times1.7)\times1.7+1/3\times0.5^2\times1.7^3$

$=17.28(m^3)$

挖基坑土方量$V=17.28\times2=34.56(m^3)$

三、毛石带形基础工程量

$V_{1-1}=(0.7\times1.1+0.5\times0.8+0.5\times0.5)\times(13.1-0.185\times2)\times2=36.15(m^3)$

$V_{3-3}=(0.7\times1+0.5\times0.7+0.5\times0.5)\times(29.9-0.185\times2)\times2=76.78(m^3)$

$V_{2-2}=(0.7\times1.3+0.5\times0.9+0.5\times0.5)\times[(5.4-0.185-0.25)\times12+(1.8-0.25\times2)\times2]$

$=100.11(m^3)$

$V_{4-4}=(0.7\times1+0.5\times0.7+0.5\times0.5)\times(29.4-0.185\times2)\times2=75.48(m^3)$

构造柱混凝土伸入到带形基础内，扣除构造柱工程量

$V=0.5\times0.5\times0.5\times32=4(m^3)$

带形基础工程量$=36.15+76.78+100.11+75.48-4=284.52(m^3)$

四、垫层工程量

混凝土$V=1.5\times1.5\times0.1\times2=0.45(m^3)$

模板$S=(1.5+1.5)\times2\times0.1\times2=1.2(m^2)$

五、独立基础工程量

$V_1=1.3\times1.3\times0.2=0.338(m^3)$

$V_2=1/3\times0.35\times(1.3\times1.3+0.5\times0.5+\sqrt{1.3\times1.3\times0.5\times0.5})=0.302(m^3)$

独立基础混凝土工程量$=(0.338+0.302)\times2=1.28(m^3)$

模板工程量$=(1.3+1.3)\times2\times0.2\times2=2.08(m^2)$

工程预算表

工程名称：

序号	定额号	工程项目名称	单位	工程量	单价/元	合价/元	定额人工费/元	
							单价	合价
1	t1-49	挖掘机挖槽坑土方 一二类土	10 m^3	75.39	62.29	4696.04	35.29	2660.51
2	t1-17	人工挖基坑土方 一二类土 坑深≤ 2 m	10 m^3	3.46	311.60	1078.14	264.07	913.68
3	t4-68	毛料石(条形)基础	10 m^3	28.45	3 171.45	90227.75	976.32	27776.30
4	t5-1	现浇混凝土垫层	10 m^3	0.05	3 120.92	156.05	415.92	20.80
5	t17-84	垫层 竹胶模板 木支撑	100 m^2	0.01	3 031.91	30.31	1147.88	11.48
6	t5-7	现浇混凝土独立基础	10 m^3	0.13	2 994.10	389.23	314.69	40.91
7	t17-102	独立基础 竹胶模板 钢支撑	100 m^2	0.02	4 978.27	99.57	2028.48	40.57
		合计				96 677.09		31 464.25

第五部分

汇总表

工程名称：某公司办公大楼

序号	工程名称	工程造价	备注
1	某公司办公大楼(土方工程)	38 258.00	
2	某公司办公大楼(建筑装饰工程)	4 326 190.00	
3	合 计	4 364 448.00	

土石方工程预算书

工程名称：某公司办公大楼(土方工程)

建设单位：

施工单位：

建筑面积：0

工程造价：￥38 258.00

造价大写：叁万捌仟贰佰伍拾捌元整

单位工程取费表

工程名称：某公司办公大楼(土方工程)				第 5 页 共 1 页
序号	项目名称	计算公式或说明	费率 / %	金额 / 元
1	分部分项及措施项目	按规定计算		31 659.00
1.1	其中：人工费	按规定计算		11 165.00
1.2	其中：材料费	按规定计算		499.00
1.3	其中：机械费	按规定计算		17 370.00
1.4	其中：管理费	按规定计算		1 251.00
1.5	其中：利润	按规定计算		1 001.00
1.6	其中：其他	见通用措施项目表		373.00
2	其他项目费	按费用定额规定计算		
3	价差调整及主材	以下分项合计		776.00
3.1	其中：单项材料调整	详见材料价差调整表		776.00
3.2	其中：未计价主材费	定额未计价材料		
4	规费	按费用定额规定计算	21	2 345.00
5	扣甲供材料	按规定计算		
6	税金	按费用定额规定计算	10	3 478.00
7	工程造价	以上合计		38 258.00

单位工程预算书

工程名称：某公司办公大楼(土方工程)					第1页/共1页	
序号	定额号	工程项目名称	单位	工程量	定额基价 / 元	直接费 / 元
1		土方工程				31 138.83
2	t1-122	机械场地平整	m^2	799.640	1.21	965.01
3	t1-123	基底钎探	m^2	799.640	5.19	4 146.93
4	t1-46	挖掘机挖装一般土方(一、二类土)	m^3	1 171.520	5.60	6 561.68
5	t1-131	机械夯填土(槽坑)	m^3	509.300	10.68	5 438.31
6	t1-142	自卸汽车运土 10 km以内	m^3	662.220	15.22	10 076.34
7	t17-367	履带式挖掘机进出场费 1 m^3以内	台次	1.000	3 950.56	3 950.56
本页小计						31 138.83
合 计						31 138.83

通用措施项目计价表

工程名称：某公司办公大楼(土方工程)			标段：1	第4页 共1页	
序号	项目编码	项目名称	计算基础	费率/%	金额/元
1		安全文明施工费	定额人工费	4	441.61
1.1		安全文明施工与环境保护费	定额人工费	3	331.21
1.2		临时设施费	定额人工费	1	110.40
2		雨期施工增加费	定额人工费	0.5	55.20
3		已完工程及设备保护费	定额人工费		
4		工程定位复测费	定额人工费		
5		二次搬运费	定额人工费	0.01	1.10
6		特殊地区施工增加费			
7		夜间施工增加费	工日数	18	
8		白天在地下室等施工	工日数	6	
9		冬期施工人工机械降效	定额人工费@冬季	15	
合 计					520.00

材料价差调整表

工程名称：某公司办公大楼(土方工程)						第1页/共1页	
编号	名称	单位	数量	定额价/元	市场价/元	价差/元	价差合计/元
04030143	砂子中粗砂	m^3	2.01	48.50	63.11	14.61	29.32
04130141	烧结煤矸石普通砖 240 mm×115 mm×53 mm	千块	0.23	308.88	432.83	123.95	28.76
34110117	水	m^3	0.40	5.27	5.41	0.14	0.06
14030106-j	柴油	kg	862.88	6.39	7.21	0.82	707.56
34110103-j	电	kW·h	1 040.25	0.58	0.59	0.01	10.40
本页小计							776.10
合 计							776.10

建筑装饰工程预算书

工程名称：某公司办公大楼(建筑装饰工程)

建设单位：

施工单位：

建筑面积：0

工程造价：￥4 326 190.00

造价大写：肆佰叁拾贰万陆仟壹佰玖拾元整

单位工程取费表

工程名称：某公司办公大楼(建筑装饰工程)				第 10 页　共 1 页
序号	项目名称	计算公式或说明	费率/%	金额/元
1	分部分项及措施项目	按规定计算		3 271 149.00
1.1	其中：人工费	按规定计算		873 776.00
1.2	其中：材料费	按规定计算		1 977 652.00
1.3	其中：机械费	按规定计算		46 789.00
1.4	其中：管理费	按规定计算		174 755.00
1.5	其中：利润	按规定计算		139 804.00
1.6	其中：其他	见通用措施项目表		58 371.00
2	其他项目费	按费用定额规定计算		
3	价差调整及主材	以下分项合计		478 258.00
3.1	其中：单项材料调整	详见材料价差调整表		478 258.00
3.2	其中：未计价主材费	定额未计价材料		
4	规费	按费用定额规定计算	21	183 493.00
5	扣甲供材料	按规定计算		
6	税金	按费用定额规定计算	10	393 290.00
7	工程造价	以上合计		4 326 190.00

单位工程预算书

工程名称：某公司办公大楼(建筑装饰工程)					第1页/共5页	
序号	定额号	工程项目名称	单位	工程量	定额基价/元	直接费/元
1		砌筑工程				181 097.60
2	t4-51x换	轻骨料混凝土小型空心砌块墙　墙厚 240 mm 混合砂浆 M5	m^3	203.510	317.96	64 707.02
3	t4-52x换	轻骨料混凝土小型空心砌块墙　墙厚 200 mm 混合砂浆 M5	m^3	355.390	327.50	116 390.58
4		混凝土及钢筋混凝土工程				1 493 213.76
5	t5-1	现浇混凝土基础垫层 C10	m^3	86.690	312.09	27 055.26
6	t17-84	基础垫层复合模板	m^2	13.680	30.32	414.77
7	t5-9	现浇有梁式满堂基础 C35	m^3	579.540	304.95	176 732.46
8	t17-111	有梁式满堂基础复合模板钢支撑	m^2	207.760	40.41	8 396.60
9	t5-16	现浇混凝土矩形柱 C30	m^3	195.750	364.27	71 306.24
10	t17-133	矩形柱复合模板钢支撑	m^2	1 137.490	53.56	60 926.01
11	t5-23	现浇混凝土矩形梁 C30	m^3	177.250	305.83	54 208.72
12	t17-145	矩形梁复合模板钢支撑	m^2	1 287.850	46.42	59 783.67
13	t5-41	现浇混凝土无梁板 C30	m^3	266.430	299.51	79 797.38
14	t17-172	无梁板 复合模板 钢支撑	m^2	1 997.470	48.63	97 132.57
15	t5-58	现浇混凝土直形楼梯 C25	m^2	61.380	115.95	7 116.77
16	t17-193	直形楼梯复合模板钢支撑	m^2水平投影面积	61.380	134.29	8 242.71
17	t5-27	现浇混凝土过梁 C20	m^3	0.490	421.61	206.59
18	t17-150	过梁组合钢模板钢支撑	m^2	8.380	68.38	573.04
19	t5-62	现浇混凝土台阶 C30	m^2	7.830	54.17	424.17
20	t11-93x	水泥砂浆台阶面层 20 mm	m^2	7.830	35.89	280.99
21	t5-103	泵车泵送混凝土	m^3	1 449.860	14.29	20 724.30
22	t5-104	现浇构件钢筋HPB300　直径6 mm	t	0.955	4 199.60	4 010.62
23	t5-104	现浇构件钢筋HPB300　直径8 mm	t	6.333	4 199.60	26 596.07
24	t5-104	现浇构件钢筋HPB300　直径10 mm	t	28.537	4 199.60	119 843.99
25	t5-105	现浇构件钢筋HPB300　直径12 mm	t	0.886	3 826.28	3 390.08
26	t5-109	现浇带肋钢筋HRB400以内　直径12 mm	t	0.067	3 734.08	250.18
本页小计						1 008 510.79

单位工程预算书

工程名称：某公司办公大楼(建筑装饰工程)					第2页/共5页	
序号	定额号	工程项目名称	单位	工程量	定额基价/元	直接费/元
27	t5-109	现浇带肋钢筋HRB400以内　直径14 mm	t	4.369	3 734.08	16 314.20
28	t5-109	现浇带肋钢筋HRB400以内　直径18 mm	t	0.321	3 734.08	1 198.64
29	t5-110	现浇带肋钢筋HRB400以内　直径20 mm	t	40.178	3 397.24	136 494.31
30	t5-110	现浇带肋钢筋HRB400以内　直径22 mm	t	0.788	3 397.24	2 677.03
31	t5-110	现浇带肋钢筋HRB400以内　直径25 mm	t	93.688	3 397.24	318 280.62
32	t5-108	现浇带肋钢筋HRB400以内　直径8 mm(马蹬筋)	t	2.879	3 892.96	11 207.83
33	t5-131	箍筋 圆钢HPB300　直径6 mm	t	0.156	5 281.47	823.91
34	t5-131	箍筋 圆钢HPB300　直径8 mm	t	0.805	5 281.47	4 251.58
35	t5-131	箍筋 圆钢HPB300　直径10 mm	t	24.932	5 281.47	131 677.61
36	t5-134	箍筋 带肋钢筋HRB400以内　直径10 mm	t	0.068	3 970.26	269.98
37	t5-134	箍筋 带肋钢筋HRB400以内　直径12 mm	t	9.970	3 970.26	39 583.49
38	t5-134	箍筋 带肋钢筋HRB400以内　直径25 mm	t	0.761	3 970.26	3 021.37
39		屋面及防水工程				142 979.66
40	t11-1x换	混凝土或硬基层上平面砂浆找平层 20 mm 1：2水泥砂浆	m^2	766.290	12.30	9 421.77
41	t10-13	屋面铺水泥炉渣	m^3	95.786	223.82	21 439.21
42	t10-18换	屋面水泥珍珠岩 水泥珍珠岩 1：10	m^3	76.629	296.42	22 714.21
43	t11-2x换	填充材料上平面砂浆找平层 20 mm 1：2水泥砂浆	m^2	766.290	14.93	11 437.80
44	t9-42	SBS改性沥青卷材(热熔法)　一层	m^2	799.650	46.05	36 825.80
45	1×t9-43	SBS改性沥青卷材(热熔法)　每增一层	m^2	799.650	36.49	29 183.07
46	t5-1	现浇混凝土垫层 C20	m^3	38.315	312.09	11 957.80
47		外墙 (05J1-外墙21)				169 946.19
48	t12-7x换	轻质墙一般抹灰 1：3水泥砂浆	m^2	1 266.560	30.73	38 927.09
49	t14-223	外墙丙烯酸酯涂料二遍	m^2	1 266.560	25.49	32 284.49
本页小计						879 991.81

单位工程预算书

工程名称：某公司办公大楼(建筑装饰工程)					第3页/共5页	
序号	定额号	工程项目名称	单位	工程量	定额基价/元	直接费/元
50	t10-82	墙柱面挤塑板保温　厚度70 mm　B2级表观密度30 kg/m^3	m^2	1 273.480	56.68	72 181.61
51	t10-82	墙柱面挤塑板保温　厚度30 mm　B1级表观密度30 kg/m^3	m^2	97.110	44.67	4 337.77
52		墙裙				
53	t12-13	墙面挂钢丝网	m^2	117.510	9.85	1 157.43
54	t12-40x	砂浆粘贴石材	m^2	117.510	166.82	19 602.51
55	t12-76x	面砖加浆勾缝 10 mm以内	m^2	117.510	12.38	1 455.29
56		装修				943 794.97
57		地面1				
58	t4-100x换	灌浆碎石垫层(现拌) 水泥砂浆 M5	m^3	93.186	207.79	19 363.21
59	t5-1	现浇混凝土基础垫层　100	m^3	62.124	312.09	19 388.40
60	t11-24换	石材楼地面 每块面积0.64 m^2以内 1：3水泥砂浆	m^2	616.920	138.40	85 380.49
61		地面2				
62	t4-100x换	灌浆碎石垫层(现拌) 水泥砂浆 M5	m^3	15.710	211.33	3 320.04
63	t5-1	现浇混凝土基础垫层　50 mm	m^3	5.237	312.09	1 634.43
64	t11-38x	陶瓷地面砖 0.36 m^2以内	m^2	103.820	64.13	6 658.45
65		楼面1				
66	t11-38x	陶瓷地面砖 0.36 m^2以内	m^2	73.700	64.13	4 726.72
67		楼面2				
68	t11-4换	细石混凝土地面找平层 30 mm换为32 mm	m^2	134.440	18.45	2 479.99
69	t9-67换	聚氨酯防水涂膜　2 mm厚换为1.5 mm	m^2	177.850	29.81	5 301.07
70	t11-38x	陶瓷地面砖 0.36 m^2以内	m^2	133.980	64.13	8 592.75
71		楼面3				
72	t11-24x	石材楼地面 每块面积0.64 m^2以内	m^2	1 230.160	139.31	171 376.54
73		大理石踢脚				
74	t11-72	石材踢脚线　100 mm	m^2	12.160	135.81	1 651.48
75		面砖踢脚线				
本页小计						428 608.18

单位工程预算书

工程名称：某公司办公大楼(建筑装饰工程)					第4页/共5页	
序号	定额号	工程项目名称	单位	工程量	定额基价/元	直接费/元
76	t11-73	陶瓷地面砖踢脚线　100 mm	m^2	123.670	86.54	10 701.82
77		内墙1				
78	t12-1x	内墙一般抹灰(9+6 mm)	m^2	3 086.920	28.11	86 773.3
79	t14-199	室内墙面乳胶漆两遍	m^2	3 086.920	20.57	63 502.88
80		内墙2				
81	t12-12	墙面贴玻纤网格布	m^2	1 537.770	10.75	16 530.41
82	t12-1x	内墙一般抹灰(9+6 mm)	m^2	1 537.770	28.11	43 226.71
83	t12-66x	砂浆贴面砖 每块面积≤0.06 m^2	m^2	1 511.900	95.63	144 575.74
84		顶棚				
85	t13-1x换	混凝土天棚一次抹灰 10 mm换为3 mm	m^2	66.780	6.81	454.52
86	t14-200	室内天棚面乳胶漆两遍	m^2	66.780	24.65	1 646.08
87		吊顶1				
88	t13-33	装配式U型轻钢天棚龙骨(不上人型) 600 mm×600 mm平面	m^2	1 438.360	42.34	60 900.59
89	t13-127	铝合金条板天棚(闭缝)	m^2	1 438.360	90.89	130 731.39
90		吊顶2				
91	t13-52	装配式T形铝合金天棚龙骨(不上人) 600 mm×600 mm平面	m^2	624.220	41.24	25 741.27
92	t13-117	岩棉吸声板天棚	m^2	624.440	30.76	19 205.28
93		窗台板				
94	t8-108	石材窗台板面层	m^2	34.870	168.18	5 864.58
95	t15-229	石材磨制、抛光(半圆边)	m	162.200	30.69	4 977.40
96		其他				12 614.14
97	t15-99	护窗 不锈钢栏杆不锈钢扶手	m	10.000	129.73	1 297.30
98	t15-108	直形不锈钢管栏杆(带扶手)	m	33.360	221.03	7 373.59
99	t9-108	塑料管排水水落管　ϕ>110 mm	m	66.000	52.39	3 457.54
100	t9-110	塑料管排水落水斗	个	6.000	34.25	205.51
101	t9-112	塑料管排水落水口	个	6.000	46.70	280.20
102		散水				17 423.81
103	t4-90	灰土垫层 300 mm	m^3	48.999	144.84	7 097.16
本页小计						633 632.70

单位工程预算书

工程名称：某公司办公大楼(建筑装饰工程)					第5页/共5页	
序号	定额号	工程项目名称	单位	工程量	定额基价/元	直接费/元
104	t4-100x换	灌浆碎石垫层(现拌) 水泥砂浆M5 150 mm	m^3	24.500	207.79	5 090.88
105	t5-61	现浇混凝土散水	m^2	122.500	42.74	5 235.77
106		台阶				2 216.93
107	t11-95x	石材台阶面层	m^2	7.830	192.00	1 503.37
108	t11-23x	石材楼地面 每块面积0.36 m^2以内	m^2	5.400	132.14	713.56
109		门窗				15 3851.51
110	t8-82	塑钢成品平开窗安装	m^2	326.070	265.88	86 696.01
111	t8-65	全玻门安装(有框亮子)	m^2	12.180	240.23	2 926.03
112	t8-130	地弹簧自由门	个	1.000	190.32	190.32
113	t8-125	执手锁	个	1.000	68.65	68.65
114	t8-3	成品套装单扇木门安装(750 mm×2 100 mm)	樘	12.000	895.23	10 742.74
115	t8-125	执手锁	个	12.000	68.65	823.76
116	t8-132	门牌	个	12.000	7.94	95.28
117	t8-135	门吸	个	12.000	27.72	332.69
118	t8-3	成品套装单扇木门安装	樘	52.000	895.23	46 551.86
119	t8-125	执手锁	个	52.000	68.65	3 569.64
120	t8-132	门牌	个	52.000	7.94	412.88
121	t8-135	门吸	个	52.000	27.72	1 441.65
122		措施				69 177.57
123	t17-9	多层建筑综合脚手架(框架结构) 檐高20 m以内	m^2	1 398.920	49.45	69 177.57
本页小计						235 572.66
合　计						3 186 316.14

通用措施项目计价表

工程名称：某公司办公大楼(建筑装饰工程)			标段：1	第9页 共1页	
序号	项目编码	项 目 名 称	计算基础	费率/%	金额/元
1		安全文明施工费	定额人工费	7.5	64 073.94
1.1		安全文明施工与环境保护费	定额人工费	5.5	46 987.56
1.2		临时设施费	定额人工费	2	17 086.38
2		雨期施工增加费	定额人工费	0.5	4 271.60
3		已完工程及设备保护费	定额人工费	0.8	6 834.55
4		工程定位复测费	定额人工费	0.3	2 562.96
5		二次搬运费	定额人工费	0.01	85.43
6		特殊地区施工增加费			
7		夜间施工增加费	工日数	18	
8		白天在地下室等施工	工日数	6	
9		冬期施工人工机械降效	定额人工费@冬季	15	
合　计					84 833.00

材料价差调整表

工程名称：某公司办公大楼(建筑装饰工程)						第1页/共2页	
编号	名称	单位	数量	定额价/元	市场价/元	价差/元	价差合计/元
01010101	HPB300 φ10以内	kg	62 952.36	2.70	3.45	0.75	47 214.27
01010102	HPB300 φ12～φ18	kg	908.15	2.70	3.49	0.79	717.44
01010165	钢筋综合	kg	11.84	2.70	3.49	0.79	9.35
01010210	钢筋HRB400以内 φ10以内	kg	2 936.58	2.64	3.53	0.89	2 613.56
01010211	钢筋HRB400以内 φ12～φ18	kg	15 944.90	2.54	3.58	1.04	16 582.70
01010212	钢筋HRB400以内 φ20～φ25	kg	138 020.35	2.54	3.58	1.04	143 541.16
04010107	白水泥	kg	570.91	0.60	0.52	-0.08	-45.67
04010129	水泥32.5	t	144.57	188.76	272.68	83.92	12 132.40
04030143	砂子中粗砂	m^3	349.28	48.50	63.11	14.61	5 103.00
04090211	生石灰	kg	17 792.52	0.13	0.16	0.03	533.78
04090301	石灰膏	m^3	12.74	102.96	216.41	113.45	1 445.81
04150601	陶粒混凝土实心砖 190 mm×90 mm×53 mm	千块	46.56	191.33	277.94	86.61	4 032.22
04150606	陶粒混凝土实心砖 240 mm×115 mm×53 mm	千块	16.89	308.88	277.94	-30.94	-522.61
07050101	陶瓷地砖综合	m^2	128.62	37.75	103.88	66.13	8 505.44
07050126	地砖 600 mm×600 mm	m^2	320.85	36.04	54.00	17.96	5 762.38
07050166	面砖 300 mm×300 mm	m^2	1 572.38	34.32	42.00	7.68	12 075.85
08000100	石材(综合)	m^2	119.86	88.37	120.00	31.63	3 791.17
08000110	石材成品窗台板	m^2	36.61	98.67	120.00	21.33	780.98
08010106	大理石踢脚线	m^2	12.65	88.37	120.00	31.63	399.99
08010106	天然石材饰面板	m^2	12.28	88.37	120.00	31.63	388.54
08010146	天然石材饰面板 600 mm×600 mm	m^2	5.51	102.96	120.00	17.04	93.86
08010151	天然石材饰面板 800 mm×800 mm	m^2	1 884.02	107.25	120.00	12.75	24 021.28
10010207	轻钢龙骨不上人型(平面) 600 mm×600 mm	m^2	1 510.28	15.44	18.18	2.74	4 138.16
10030131	铝合金龙骨不上人型(平面) 600 mm×600 mm	m^2	655.43	19.69	21.64	1.95	1 278.09
11010141	单扇套装平开实木门 750 mm×2 100 mm	樘	64.00	815.10	1 500.00	684.90	43 833.60
11010201	全玻有框门扇	m^2	12.18	184.47	400.00	215.53	2 625.16
11110211	塑钢平开窗(含5 mm玻璃)	m^2	308.43	197.34	190.44	-6.90	-2 128.17
本页小计							338 923.74

材料价差调整表

工程名称：某公司办公大楼(建筑装饰工程)						第2页/共2页	
编号	名称	单位	数量	定额价/元	市场价/元	价差/元	价差合计/元
13030113	苯丙乳胶漆内墙用	kg	877.04	6.61	15.00	8.39	7 358.40
13030133	成品腻子粉	kg	9 022.64	0.56	1.00	0.44	3 969.96
13030181	高级丙烯酸外墙涂料无光	kg	1 185.50	10.73	30.00	19.27	22 844.59
13310141	石油沥青	kg	28.81	2.57	3.00	0.43	12.39
13310151	石油沥青30#	kg	149.45	2.57	3.00	0.43	64.26
13330105	SBS改性沥青防水卷材 3 mm	m^2	2 041.87	27.46	32.03	4.57	9 331.33
15090131	珍珠岩	m^3	102.01	111.54	138.50	26.96	2 750.16
15130139	挤塑板保温 70 堆积密度30 kg/m^3	m^3	90.42	300.30	389.54	89.24	8 068.81
15130139	挤塑板保温 30 堆积密度30 kg/m^3	m^3	3.01	300.30	389.54	89.24	268.61
34110103	电	kW·h	1 056.50	0.58	0.59	0.01	10.57
34110117	水	m^3	748.98	5.27	5.41	0.14	104.86
35030163	木支撑	m^3	8.59	1 372.80	1 558.17	185.37	1 591.59
80210555	预拌混凝土 C10	m^3	92.85	247.35	252.43	5.08	471.66
80210555	预拌混凝土 C20	m^3	101.44	247.35	281.55	34.20	3 469.35
80210557	预拌混凝土 C25	m^3	15.87	252.20	296.12	43.92	697.14
80210557	预拌混凝土 C35	m^3	585.34	252.20	330.10	77.90	45 597.60
80210557	预拌混凝土 C20	m^3	10.11	252.20	281.55	29.35	296.79
80210557	预拌混凝土 C30	m^3	639.89	252.20	310.68	58.48	37 420.94
80210701	预拌细石混凝土C20	m^3	4.34	281.30	296.55	15.25	66.26
80230706	陶粒混凝土小型砌块 390 mm×190 mm×190 mm	m^3	283.96	169.75	155.82	-13.93	-3 955.52
80230711	陶粒混凝土小型砌块 390 mm×240 mm×190 mm	m^3	162.60	169.75	155.82	-13.93	-2 265.07
14030106-j	柴油	kg	1 288.07	6.39	7.21	0.82	1 056.22
34110103-j	电	kW·h	10 302.97	0.58	0.59	0.01	103.03
本页小计							139 333.93
合　计							478 257.67